ダムを愛する者たちへ

阿久根寿紀　神馬シン　宮島咲　琉

スモール出版

鹿瀬《かのせ》ダム
新潟県

はじめに

日本全国に約2,700基あると言われているダム。ダムは1基1基個性があり、一つとして同じ形のものはない。

河川の中流に造られたダムは高さがなく、横長の様相をしている。逆に、上流部に造られたダムは比較的背丈が高く、谷をピタリと塞いでいるという印象を受ける。そして放流を行うためのゲートの種類や数、設置位置、色などもダムによりそれぞれ異なる。

これは、ダムが造られた土地土地の環境、河川の流量、年間を通じた降雨量、そのダムの目的などから、最適な形状になるように設計されているためである。

しかし、それだけではない。ダムはその地に100年は生き続けるもの。遠い未来を見据え、できうる限りの最新技術を駆使して建設されている。そして永く眺め続けても飽きられないよう、その地のオブジェとしての役割を果たすべく、時には斬新的な、時には安定的なデザインが選定されている。

これがダムの個性と言えるものだろう。人間で言えば十人十色、ダムも十基十色なのである。

そして、その十基十色のダムたちを、4名のダム愛好家がそれぞれの個性と感性で語ったものがこの本である。

同じダムを見ても、人により感じるものが異なると思う。著者が解説するダムのイメージと、読者が想像するダムのイメージは異なるかもしれない。しかし、こんな見方もあるのだなと、少しでも参考にしていただければありがたい。

各ダムの最初の写真は、そのダムをイメージしやすいよう、できるだけ全景を写したものにした。そしてそれ以降に続く写真は、著者が心を動かされた部分の写真で構成している。見慣れていないと、これがダムの写真なのか分からないかもしれない。ダムは得てして大きなものだが、このようにかいつまんで見ると、全く別のものに見えてしまう。ダムの巨大さを感じると同時に、その中に隠されたダムの繊細さをも知っていただきたい。

また、全36基のダムを四つの項目に分類した。「楽」「喜」「死」「素」だ。これらの言葉が何を意味しているのかは、読者自身が感じ取って欲しい。ダムにも色々な生き様があるのだ。もしダムに心があったのなら、ダムたちは何を思い、何を見てもらいたいのか。それらを考えながら、この本を眺めていただければ幸いである。

宮島咲

もくじ

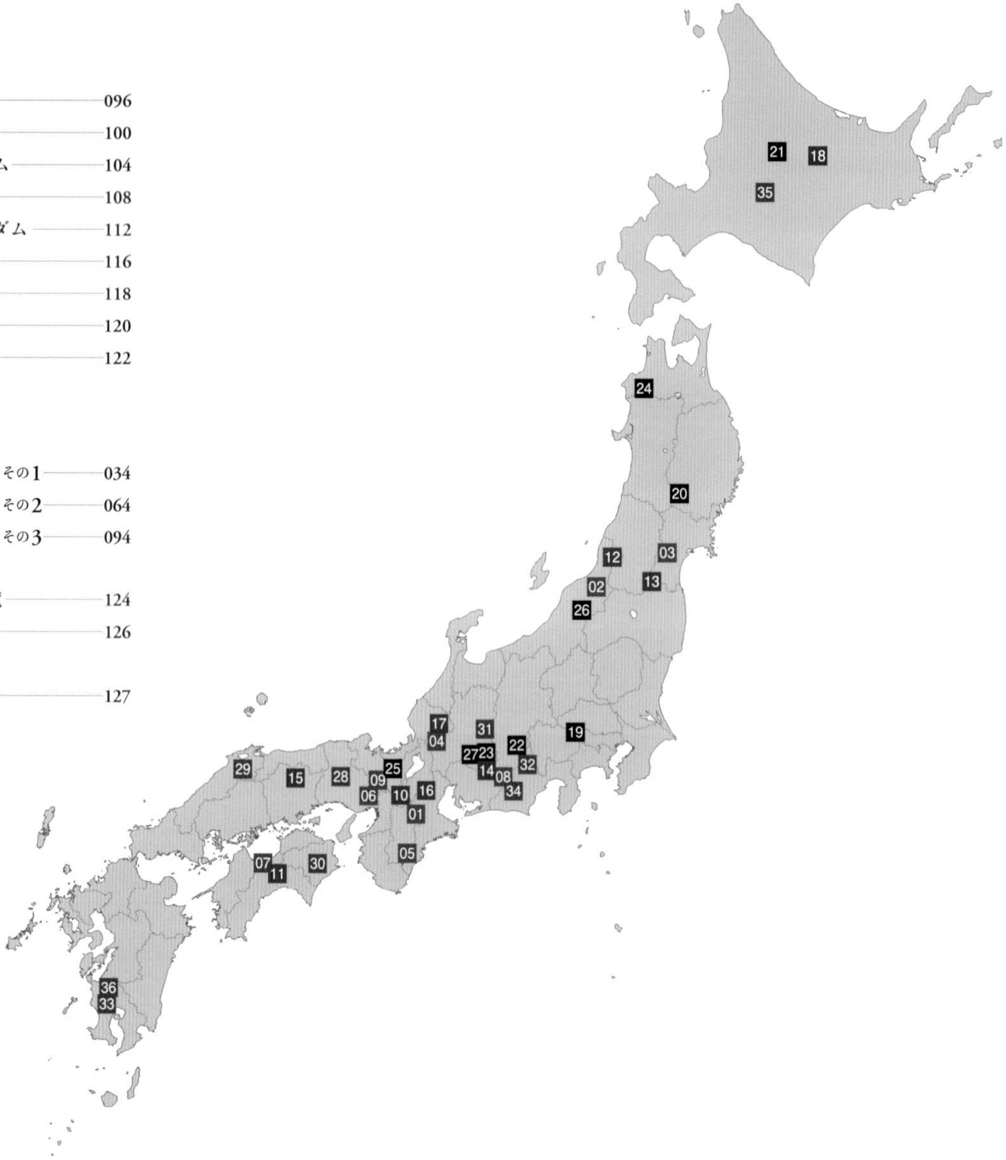

21
18
35
24
20
12
03
02
13
26
17
04
31
22
19
27
23
32
14
08
34
29
15
28
25
09
06
10
16
01
05
07
11
30
36
33

第1章

楽しんで。

ダムは素敵な所。その大きさに感動し、その意匠を感じ取る。
人里離れたダムだって、みんなに見てもらいたいと思っている。
そんなダムたちを紹介したくて。

青《しょう》蓮《れん》寺《じ》ダム

三重県

アーチ式コンクリートダム ｜ 堤高 82m

青蓮寺ダムの夜景は美しいのだが、昼間も当然のように美しい。昼間はダム湖がはっきりと見えるので、堤体が水を堰き止めている様子が一目瞭然だ。
またこの写真の季節は5月だが、新緑の青々とした木々の色が湖面に映え、この上なく美しく感じる。

青

神馬シン

青蓮寺ダムは、三重県名張市にある水資源機構が管理するアーチダムで、多目的ダムだ。淀川水系青蓮寺川に位置し、いわゆる木津川上流ダム群の一つである。また、このアーチダムの正式名称は「中央越流型非対称放物線不等厚アーチダム」という、まるでアニメに出てくるロボットのスペックに書いてありそうな名称の型式である。

難読なダム名で「しょうれんじ」と読む。昼間の翼を広げたようなアーチ状の堤体も美しいが、何より夜の堤体もなかなかに美しい。天端の照明がダム名のごとく青色に輝くのだ。青色は気持ちを落ち着かせるのに有効なのだそうだ。真の理由は他にもあるのだろうが、ダム管理の難しさがうかがえる。

また狙ってなのかどうかは不明だが、クレストゲートやコンジットゲートも青く統一されており、夜間の照明と相まって画一的なデザイン性があるため、とにかく「青」という印象がとても強い。

ダム愛好家の中で木津川上流のダム群（高山ダム・青蓮寺ダム・室生ダム・布目ダム・比奈知ダム）の事を往年の特撮戦隊ヒーローになぞらえて「木津川戦隊ゴレンダム」と呼ぶ事があるが、まさに木津川上流ダム群は戦隊ヒーローそのものなのである。

2009年（平成21年）、台風18号襲来の際、三重県名張市街地において管理規定上の洪水調節を行っても氾濫する恐れがあった。しかし、名張川の水位や降雨状況やダムの容量など様々な条件を計算しつくした上で、青蓮寺ダム・比奈知ダム・室生ダムの連携した対応により名張市街地を浸水の危機から救ったのだ。

これにより、水資源機構木津川ダム総合管理所は名張市より感謝状が、また土木学会からは技術賞が贈られる事になる。これは大変な名誉な事だと思うが、マスコミ各所にはほとんど取り上げられていないのはとても残念である。なお、この洪水調節の詳細は、水資源機構木津川ダム総合管理所のホームページ上にPDFデータとして公開されているので是非見て欲しい。

名張市は近鉄大阪線が東西に走っており、関西圏へのベッドタウンとして新興住宅地が多く、商業施設も大都市と遜色ないのでとても住みやすい街だと現地に何度か足を運ぶ度に思った。そんな名張市を水害から守っている事は、住民でなくともとても誇らしく思う。

そんな誇れる青蓮寺ダムは右岸・左岸・ダム湖側からはもちろん、下流側からもビューポイントがあるのでどの位置からも是非見てもらいたい。特に左岸には展望台があり堤体を俯瞰で見る事ができる。個人的にダムを俯瞰で見るのはとても好きだ。

何より豊富な水を、まるで堤体が一手に受け止めているかのような力強さを感じるからである。もちろん下流から堤体を見上げた時に、堤体が受け止めている水圧を感じ取る事ができるかもしれないが、是非とも俯瞰で見られる展望台や下流から堤体を見上げられるポイントからダムを見て、ダムが持つ力強い波動を感じ取っていただきたい。

見学会などに参加すると普段は入る事ができない場所を見る事ができるが、そこは私たちにとって聖域であり非日常の世界でもある。
青蓮寺ダムの「壁」を至近距離から仰ぎ見れば、愛好家でなくとも感嘆の声がきっと漏れるだろう。

内《うち》の倉《くら》ダム

新潟県

中空重力式コンクリートダム ｜ 堤高 82.5m

内の倉ダムの内部。無機質なコンクリートの壁が天を塞ぐ。まるで巨大な柱状結晶の森に迷い込んだようだ。この空間の唯一の色は赤。命を繋ぐ生命線だ。

塞

宮島咲

新潟県が管理する多目的ダム。洪水調節の他、かんがい用水や上水道用水の確保、発電を行う事を目的に持つダム。計画当初は洪水調節の目的は予定されておらず、かんがい用水と上水道用水を確保するために計画されたダムだった。しかし1966年及び、1967年（昭和41年・42年）に立て続けて起こった洪水被害に対応するため、急きょ洪水調節の目的も持つ多目的ダムに計画変更された。

ダムは堤高82.5m、堤頂長166mと、これといって大きくもなく、小さくもないというサイズ。自治体が所有する、どこにでもありそうなダムという感じであろう。しかし内の倉ダムには、外観からは想像もつかない秘密がある。

「中空重力式コンクリートダム」。一見すると、ごくありふれた重力式コンクリートダムだが、その内部には巨大な空間が広がっているのである。通常のコンクリートダムは、内部までみっちりコンクリートが満たされている。しかしこの型式のダムはそうではなく、あえて内部に巨大な空間を残しているのである。

中空重力式コンクリートダムは、国内に13基しかない貴重な型式。日本には約2,700基のダムがあると言われているが、この型式のダムは、そのわずか0.5%にも満たない。

当然、これほど少ないのには訳がある。内部に空間を残す設計のダムは非常に手間がかかり、造りづらいからである。この型式のダムが多く造られた年代は、コンクリートは非常に高価なものだった。建設コストを削減するため、多少手間がかかっても、コンクリートの使用量を少しでも減らしたかった。この結果として誕生したのが、中空重力式コンクリートダムである。

時が流れ、コンクリートの価格が下がると共に人件費が高騰。建設人員を多く使う中空重力式コンクリートダムのメリットは、この時点でなくなった。

ダムの内部。躰の内部に潜り込むという感覚は、この型式のダム特有のものだ。天端からエレベータに乗り込むと、目の前に巨大なコンクリートの空間が広がる。一歩、躰の中に足を踏み入れると自らの足音がこだまする。そのこだまは、固いコンクリートの壁により幾重にも反射を繰り返し、終わる事を知らない。

最深部。無機質なコンクリートで囲まれた巨大な空間。コンクリートの壁たちが天に向かってそびえ、頭上高くで交わり宇宙を塞ぐ。巨大な柱状結晶の空間に迷い込んだようだ。その結晶たちは薄暗いランプに照らされ、ほんのり黄色く色づいている。まるで発光しているかのように。

所々にあるアクセントは赤色。天に向かってそびえる螺旋階段とエレベータシャフト。命を繋ぐ生命線だ。

この異空間に人々が足を踏み入れた時、彼は何を思い、何を感じるのだろうか。

一見するとごくありふれた堤体。しかし、内部には誰もが知りえない秘密を隠し持っている。
「秘密」。でも本当は知って欲しい。そんな相反する気持ちが、赤という色に染めてしまったのだろうか。

大《おお》倉《くら》ダム

宮城県

マルチプルアーチ式コンクリートダム ｜ 堤高 82m

ジェットフローバルブからの放流の様子、非雪期と積雪期の画像を並べてみた。バルブは展望できる場所からそれなりに離れているため、双眼鏡があるとなお一層楽しめるだろう。
曲線重力式と思しき副ダムを見る際にも、双眼鏡があると大変見やすいので是非持参していただきたい。

射

阿久根寿紀

大倉ダムといえば日本唯一の二連アーチ式コンクリートダムとして、ダムに興味がある方々の間では有名な存在である。

マルチプルアーチダム自体、他には五連アーチの豊稔池ダムがあるのみという珍しさの点では、他に並ぶものがない物件である。

さて二連アーチを見学した後に目が行く場所といえば、バルブからの放流である事が多いと思われるため、ここではあえてバルブから射出されている河川維持水に着目してみた。

一般的にダムは河川としての機能を維持するために、ダム直下にて河川維持水が放流されている。

その河川維持水を放流するために、ここ大倉ダムではジェットフローバルブが用いられている。

ジェットフローバルブとは、オリフィスバルブ等の流路部分にコニカルノズルと呼ばれる水流を絞る部分を加えたような形状のバルブであり、管端から勢いよく水流が射出されるのが特徴である。

大倉ダムは直下流の川幅が非常に狭くなっており、射出された水流は河岸にぶつかり水しぶきとなって舞い上がる。

河川維持水であるが故に通年放流されており、夏には射出された水流と水しぶき、水煙が奏でる涼しげな情景、冬には河岸及び付近の木々へと付着した水しぶきが凍って、変わった眺めが楽しめる。

射出水流そのものも刻一刻と姿を変化させ、特に風の強い日はダイナミックに姿態を変化させるため、ずっと眺めていても飽きる事はない。

また風向きと陽射しによっては、堤体へと架かる虹を見る事ができる点もポイントが高い。

非越流アーチ部の右岸側、越流アーチ部の左岸側とスラストブロックの様子、及びスラストブロック天端から見下ろした画像、ダム堤体上流側の様子である。
越流アーチ部に架かる虹、スラストブロックの目地に生える1本の木、フォトジェニックである。

徳《とく》山《やま》ダム

岐阜県

ロックフィルダム ｜ 堤高 161m

ここは特別に見学させていただいた場所だが、非日常感満載である。ダムというとどうしても下流側がメインになりがちだが、
こうして見るとダム湖側もかっこよくてすてきなのだ。徳山ダムは堤高が161mあるが、ゲート部分だけでもとても巨大だ。

徳

神馬シン

徳山ダムは岐阜県揖斐郡揖斐川町にある水資源機構所有の多目的ダムである。総貯水容量は6億6千万㎥と日本一の貯水量を誇るダムでもある。かつて、とある県知事によるいわゆる「脱ダム宣言」や、それに始まる大型公共工事の見直し、旧政権下によるダム建設の相次ぐ中止によってダムはことさら逆風につぐ逆風であったが、このダムを語るにもどうしてもネガティブな話がつきまとう。

「徳山ダム」という名称自体、「徳山村」というダム湖の底に沈んだ旧村名が使われており、ダム周辺の施設にも「徳山村」をイメージする名称がついている。

・徳之山八徳橋（とくのやまはっとくばし）
・美徳千丈滝見橋（びとくせんじょうたきみばし）
・大徳之山隧道（だいとくのやまずいどう）
・徳之山悠久橋（とくのやまゆうきゅうばし）

もともと揖斐川源流域は「徳之山」と呼ばれており、その地に八つの集落をつくったが、自然災害があまりにもひどく、大昔の人々はこれを鬼のせいだと考えていたそうだ。そこで鬼と人間の仲介に入った権現様は、それぞれの言い分を聞く。

人間は鬼を何とかして欲しいと言い、鬼は人間が思い上がった行いをしていると言う。そして権現様は人間がこれ以上思い上がった行いをしないようにするから、暴れないようにして欲しいと鬼に言ったそうだ。

そして八つの石に、「仁義礼智忠信孝悌」の八徳を刻み、「仁」は本郷の村に、「義」は櫨原の村に、「礼」は塚の村に、「智」は門入に、「忠」は戸入に、「信」は山手に、「孝」は下開田に、「悌」は上開田に、それぞれ飛んでいったのだそうだ。

そして時代は現代へと移ろい、その「徳」を大切にしつつ、「徳山ダム」によって自然災害から守られている。そんな徳山ダムのキャッチコピーは「揖斐の防人濃尾の水瓶」である。ダム愛好家的には「揖斐川防衛隊の要」とも言われるが、既に数々の台風や大雨から濃尾平野に住む人々の生活と財産を守ってきた。

特に源流域に住んでおられた方の想いを無視する事は、「徳」から大きく外れる事になり、また鬼が出現するかもしれない。八徳とは人間社会において当たり前に必要とされるものであるが、現代社会において忘れてしまってはいないだろうか。

……と堅苦しい話題はさておき、とにかく日本一の貯水量を誇るこのダムを愛でて欲しい。写真の中には一部特別に見せていただいたものもあるが、ダム愛好家向けにはゲート周りと洪水吐周りは萌ポイントだ。一般の方には観光としてこのダムの四季をおすすめしたい。

四季それぞれ全く異なった表情を見せてくれるのだ。春には融雪により観光放流がなされ、夏には新緑が眩しく、秋は赤々と燃え盛るような山々を望み、冬はモノトーンの世界が広がる。これぞダムを見るにあたっての醍醐味である。是非どのシーズンも堪能していただきたい。

秋の写真は「ダムじゃない」とツッコミを入れる諸氏もあろうかと思うが、あまりにも雄大すぎてため息が出るほどだ。
中央のコア山を取り囲むように日本一のダム湖、そしてそこに連なる網場。更にそれを取り囲み燃え盛る紅葉。是非一度この光景を見て欲しい。

池《いけ》原《はら》ダム

奈良県

アーチ式コンクリートダム ｜ 堤高 111m

下流側より堤体と洪水吐設備、及び池原発電所の取水塔を撮影した。堤体自体にダム名及び事業者名が入っているのも珍しい。
ダム湖付近から見ると堤体と洪水吐設備、及び取水塔は向かい合わせとなるが、この位置からだと天端越しとなり、趣の異なった眺めとなる。

向

阿久根寿紀

　日本有数の多雨地帯、奈良県と三重県に跨って位置する大台ケ原。その大台ケ原の西麓、奈良県側の水資源を活用するために設けられたのが非越流型ドームアーチ式コンクリートダムである池原ダムだ。

　非越流型アーチ式ダムの場合、洪水吐設備が堤体外に設けられるが、池原ダムの場合はダム堤体と洪水吐設備がダム湖を挟んで向かい合わせになっている。ダム堤体から上流側を見ると洪水吐水門が目に飛び込んでくるという、多くのダムを見た人ほど一風変わった眺めに見えるであろう。

　また、揚水式発電が行われており最大で毎秒342.00㎥という多くの水を取水、揚水するために取水塔が４カ所設けられているが、洪水吐水門の４門と並んでいる事もあり、洪水吐及び取水塔の設備だけでダム式の発電所が設けられたダムのように見えてしまう。

　さて、池原ダム堤体の話に戻すと、ドームアーチながら比較的横長の堤体となっており円筒アーチのような雰囲気も持っている。天端を通る国道425号線、右岸側の高台、ダム直下にある下北山スポーツ公園キャンプ場、上流側ダム湖対岸の洪水吐設備と様々な方向からアーチダムの造形を堪能できる。

　また、右岸側高台の平成の森、ダム直下の下北山スポーツ公園キャンプ場にはコテージやテント施設が常設されているので、ダムを眺めながら一晩過ごすという楽しみ方ができるのも魅力である。

非越流型という、「アーチらしさ」を最も実感できる型式であるため、天端の両端から撮影した画像を並べた。
右岸側と左岸側で端の状況が異なるため、両岸からの画像が全く同じとは行かないが、なるべく引いて撮影し「アーチらしさ」が強調されるようにしてみた。

千《せん》苅《がり》ダム

兵庫県

重力式コンクリートダム ｜ 堤高 42.4m

瀟

神馬シン

千苅ダムは神戸市水道局が所有する上水道専用のダムだ。大正時代に完成した、神戸らしさあふれる石張りの名堤である。名堤という証拠に国の登録有形文化財だけでなく、土木学会の近代土木遺産や厚生労働省の近代水道百選にも選定されている。また、クレストにある17門のスライドゲートは国内で現存する最古のゲートだ。

千苅ダムの名堤の名堤たるゆえんは、石張りの堤体から流れ出るその放流する姿だ。神戸市内には他にも布引五本松ダムと立ヶ畑ダムという石張りの名堤が2基も存在するが、千苅ダムをあえて選択したのはこの放流する姿を是非とも見ていただきたいという思いからだった。

千苅ダムが放流する姿は、まるでレースの衣装を身にまとった大正ロマンを感じさせる美少女なのだ。放流というと豪快な大瀑布という印象を受けるが、千苅ダムはたおやかに美しく流れる。

しかもこの美少女は下流から全身を愛でられるだけでなく、右岸には堤体に沿うような形で天端レベルまで続く散策路があり、美少女を下から上まで舐め回すように見る事ができるようになっている。足先から頭頂部まで、じっくりとその美しい肢体を愛でる事ができるのだ。

散策路を登って行くとクレストのスライドゲートも真正面から見る事ができるが、天端レベルまでくると天端に入れない事を思い知らされる。そこは美少女にとって禁断の地。入ってはならない神聖にして不可侵な場所なのだ。神戸市民の命の水をかたくなに守るその姿は、ますます愛おしく感じるのだ。

鹿《しか》森《もり》ダム

愛媛県

重力式コンクリートダム ｜ 堤高 57.9m

円

阿久根寿紀

ダムが建設される場合、以前の道は河川に比較的近い所を通っている事が多く、ダム上流側にて付け替えられた道路ではダムの高さ分の標高差が発生する。

一般的には下流側、ダムのかなり手前から道路を付け替えて標高を稼ぐ訳だが、地理的条件などによりループ橋を用いる場合がある。

ループ橋の規模の大きさでは埼玉県にある滝沢ダムの雷電廿六木橋（らいでんとどろきばし）が有名だが、形状が楕円形である事とループの一部が山で隠れてしまっており、ダム前に架かるループ橋としては見た目に若干の物足りなさを感じる。

ここ愛媛県にある鹿森ダムの前に設けられたループ橋は、ほぼ円形をしている。ループを漢字で表すと環になるが、ここはあえて「円」と表現したくなる物件である。元々はダム右岸側にS字カーブのトンネルが設けられていたが、カーブが急な上、トンネルで見通しが悪かったのでダム前にループ橋が架けられた。

また、ダムとループ橋のスケール感が近いためどちらかが極端に主張せず、写真構図的にお互いを補完し合っている点もポイントが高い。望遠を用いてアップで撮って良し、広角を用いて全体で撮っても良し、ダムと橋のベストコラボレーションである。

新《しん》豊《とよ》根《ね》ダム

愛知県

アーチ式コンクリートダム ｜ 堤高 116.5m

恩

神馬シン

天竜川を船明ダムから遡上して秋葉ダム、佐久間ダムを見学した後に行こうとしても、たいてい日没になってしまうのがこの新豊根ダムである。私も過去に２度も時間内に辿りつけず、やっと到着したと思ったら入口の門が閉まって入れなかったという苦い経験を持つ。私は愛知県在住だが、同じ県内のダムなのに新豊根ダムはとにかく遠く感じる。

それほどに遠いダムではあるが到着して展望台に登ってみると、アーチダムの雄大さがロングドライブの疲れを癒してくれる。まるで私の身体をやさしく包み込んでくれるかのようだ。

新豊根ダムは観光にも力を入れており、国土交通省が民間企業と連携して「ダムツーリズム」と呼ばれるダム見学ツアーを開催したり、村内の飲食店にて「新豊根ダムカレー」を提供したりしている。「新豊根ダムカレー」は本書の著者の１人でありダムカレー施工の第一人者でもある宮島咲氏公認である事からも、その本気度がうかがえる。

また、ダム関係者の方たちからも、ダムの事を知ってもらいたいという意志を強く感じる。そんなダムを私は愛さずにはいられない。実はここに掲載されている新豊根ダムの写真は特別に見学させていただいた後、Webやブログなどで展開する予定だったのだが、色々あって掲載できていなかった。そうした申し訳ないという気持ちからもこの本の出版の話が来た時に、せめてもの恩返しにと新豊根ダムの掲載を決めたのだった。果たして私は恩返しできたのだろうか。これを読んで新豊根ダムに行く読者の方が１人でもいる事を願いたい。

日《ひ》吉《よし》ダム

京都府

重力式コンクリートダム ｜ 堤高 67.4m

護

神馬シン

京都は桂川の上流にある日吉ダム。堤体のデザインがまずかっこいい。戦艦クラスの艦橋のようなデザインのクレスト周り。そして堤体周辺のランドスケープデザインは建築家の團紀彦氏によってデザインされており、融合と調和が織りなす、言わば「デザイナーズダム」である。

もちろん見た目だけではなく古都京都を守る守護神であり、2013年（平成25年）の台風18号では洪水時満水位を超えてギリギリまで貯留し下流を守った事は記憶に新しい。それによりダム愛好家主催の「ダムアワード2013」において洪水調節賞とダム大賞をダブル受賞し、更にダム工学会より技術賞を受賞したダムでもある。

なお「京都を守る」と書くと誤解されやすいのだが、日吉ダムが真っ先に守るのはあくまで亀岡市と南丹市である。その更に下流にある保津峡があまりに狭いため、大雨が降った後、河川の水が流下する能力が著しく阻害されるからだ。

そんな日吉ダムも建設の歴史は決して順調ではなく、補償交渉が妥結するまで猛烈な反対運動の嵐が吹き荒れた。だがダムとダム建設によって移転を余儀なくされた地元住民とが協力しあい、観光地としてのダムという位置づけを早くから行ったダムでもある。

日吉ダムを訪れると観光客の多さに驚く。まさにダムが観光地なのだ。こうしたダムを見ると嬉しくて仕方がない。どうしてなかなか、ダムも地域活性化に役立っているではないか。周辺一帯が画一的にデザインされ、堤体内が見学できるようになっており、温泉施設があって、おいしい食事ができる……これがダムを利用した地域活性化のヒントなのかもしれない。

ダムの顔とは　その1

宮島咲

ダムの顔を決める要素とは何だろうか。個人的な見解を多分に含め、コラムとしてつらつらと考えてみた。先に述べておくが、あくまでも個人的見解なので、全く異なる意見もあると思う。その場合、こういう見方もあるのだと思いながら読んでいただければ幸いだ。

その前に、ダムの顔とは何であろうか。それは多くの人がダムの写真だと掲げる、ダム下流側の事を指すのだろうと思う。当然、私もそう思っている。しかし、どうやら業界的には異なるようだ。

土木業界や河川管理的には、ダムの正面は上流側を指す。ダム貯水池に接している方だ。普段はその半分以上がダム貯水池内に沈み、全容を見る事ができない。超渇水でも起こらない限り、上流側の全容は眺められないのである。

ではなぜ、ダム上流側をダム正面と定義するのか。それは、川の流れが関係しているからである。当然ながら、川の水は高い方から低い方へ、言い換えれば、上流から下流へ向かって流れる。川を流れる水にとってみれば、最初に接するダムの部分は上流側になる。という事は当然、ダムの正面は上流側であり、これがダムの顔となる訳だ。

月山ダム（山形県）の上流側

しかし、私たちダム愛好家にとってのダムの正面は違う。川の水やダム従事者の方々の正面は背面にすぎない。あくまでもダムの背面こそがダムの正面なのだ。

ではなぜ？……そんな疑問が浮かぶだろう。簡単な事だ。立入禁止のダムでもない限り、24時間365日、ダムの下流側の全容を眺める事ができるからである。

ダムを下流側から眺めると、様々な装置が装備されている事が分かる。大げさな表現だが、上流側からでは決して見る事ができないものだ。それに加え、下流側はダム貯水池に水没していないため、ダムの高さも十分感じ取る事ができる。ダムを下流側から眺める事は、まさに一石二鳥のポジションなのである。

月山ダム（山形県）の下流側

面白い事に、ダムの業界紙やパンフレットなどを眺めると、大多数がダムを下流側から写したものをダムの紹介写真として掲げている。実は、ダム業界にとっても、ダムの顔は下流側だと暗黙のうちに受けいれているのだと思われる。

現に山形県にある月山ダムは、下流側に素晴らしいデザインが施されている。霊場で有名な月山の「月」と、旧朝日村に建設されたという事から「朝日」をモチーフとしたデザインが刻み込まれているのだ。

また高知県にある中筋川ダムは、下流側に幾重もの段差が刻み込まれている。通常では単調になりがちな下流側のデザインに変化をつけるため、このような工夫を施したとの事らしい。

という事でダムの顔は、ダム業界にとっても、ダム愛好家にとっても、下流側である事は間違いないと思われる。

第２章

喜んで。

ダムは大切なもの。人々を陰で支えている。
みんなの笑顔を見たいから、ダムはこっそり頑張っている。
だから応援してあげて。

天《あま》ヶ《が》瀬《せ》ダム

京都府

アーチ式コンクリートダム ｜ 堤高 73m

展望台からの情景は筆舌に尽くしがたい。琵琶湖から流れる総貯水容量2,628万トンのダム湖の水を鳳凰の翼が支え、
まるで火を吐くかの如き放流を俯瞰で見る様は、非日常の世界そのものである。天端に観光客がいる事も多いが、まるで巨大な鳳凰の背中に乗るが如くである。

鳳

神馬シン

天ヶ瀬ダムは世界文化遺産としても、10円硬貨としても有名な平等院鳳凰堂がある宇治市に位置し、淀川本川に建設された唯一の多目的ダムである。また「ドーム型アーチ式コンクリートダム」というアーチダムでもある。平等院鳳凰堂が至近にある事と、翼を広げたような堤体の形がまさに鳳凰のようである事からダム湖の名称は「鳳凰湖」と名付けられた。

なお、平等院は天ヶ瀬ダムが完成して以降、一度も浸水や洪水の憂き目にあった事がないため、まさに天ヶ瀬ダムが平等院を守っていると言っても過言ではない。平等院への観光客は多いが、そこから足を伸ばして天ヶ瀬ダムを観光目的で訪れる人も多い。是非とも平等院と天ヶ瀬ダムはワンセットで見学してもらいたい。

天ヶ瀬ダムはかなりの確率で放流している事が多いダムでもあるが、2013年（平成25年）9月に襲来した台風18号では運用開始して初めてクレストにある非常用洪水吐から毎秒1,000㎥の放流をする事で洪水調節を行った。インターネット上ではその時の様子の写真がアップされていたが、非常用洪水吐からの豪快な放流を行いつつも、放流水と堤体の間で、コンジットゲートからも放流を行う様子が写真に収められており、写真データとはいえ初めて見る光景に畏怖の念すら抱いた。

そんな非常用洪水吐からの放流シーンをこの眼で見てみたいと思っても、その時は天気もダムも本気モードだ。下流に住む人々の生命と財産を守るための命がけの戦闘なのだ。そしてダムはあくまで防具の一つなのであり、天ヶ瀬ダムの場合は国土交通省の職員の方々がその戦闘に直接臨むのだ。しかも攻撃ではない。あくまで防御に徹するのみだ。そんな戦場に迂闊に近寄れるものではないし、職員の方々に余計な仕事を増やしてはならない。もし見たいと思ったら、余程の覚悟と自己責任で臨んでもらいたい。

なお天ヶ瀬ダム周辺道路は、大雨の際には土砂崩れなどで道路が寸断され通行止めになる事もある。天ヶ瀬ダムに限った話ではないが、そうした危険とも隣り合わせである事を念頭に置いてダムには訪問するべきだ。

とは言え、鳳凰のように翼を広げた堤体から放流する姿はやはり美しい。天ヶ瀬ダムは下流直下、左岸、右岸、右岸展望台と放流を愛でるポイントが多いのも特徴だ。特に展望台に関しては「名ばかり展望台」あるいは「なんちゃって展望台」と言わんばかりに、堤体が見えない展望台が多い中、天ヶ瀬ダムはきちんと下流側が俯瞰で見られるようになっている。

これは個人の憶測の域を出ないが、計画上においてコンジットゲートからの放流が多いだろうと見越して見学ポイントを作ったのではないのだろうか。もともとアーチダム自体は天端レベルで両岸どちらかも見られる事が多いが、前述のとおり展望台も下流側が見られるようになっているのは意図があるようにしか思えない。

実際のところはどうかは分からないが、せっかくそれだけビューポイントが多いダムなので、どのポイントからもしっかりと見て、その姿を愛でてもらいたい。

クレストゲートからの放流と比較すると、コンジットゲートからの放流は一見地味に見えるが、決してそんな事はない。
現地で見ると轟音が響き、かなりの迫力である。また、色んな角度から放流が楽しめるのも魅力の一つだ。

早《さ》明《め》浦《うら》ダム

高知県

重力式コンクリートダム ｜ 堤高 106m

この時はあいにくの雨だったが、雨に濡れる堤体もいつもとは違う姿で私たちの目を楽しませてくれる。
見学となると雨にはうんざりするかもしれないが、この早明浦ダムでは雨が本当の意味で「生命の水」であり「天からの恵み」となるのだ。

命

神馬シン

四国の中心部、吉野川の上流に位置する早明浦ダムはダムにあまり詳しくない方でも、その名前ぐらいは耳にした事が一度ぐらいはあるだろう。仮に早明浦ダムの名前を知らなくても、渇水のたびに全国ニュースに取り上げられる、旧大川村役場庁舎がダム湖の底から姿を現す映像ぐらいは記憶の片隅にあるだろう。

しかしダム愛好家の中における早明浦ダムは、そんな渇水のイメージを持っている訳ではない。むしろいつも伝説的な記録をマークするダムとしてのイメージの方が強い。例えば2005年（平成17年）の夏。異常渇水で取水制限がかかり、ダム湖の水は空っぽという危機的な状況だった。また、本来ならば水力発電に使用するための水さえも使って下流に流すほどだった。しかし、9月上旬に入り台風14号が襲来。空っぽだったダム湖の水位はみるみる満水状態に。貯水率が0%から100%に回復するという奇跡を我々に見せつけてくれた。

「歴史に“もし”は禁物」というが、もしこの時に早明浦ダムがなかったら2億㎥もの水がそのまま下流に流れたであろうと言われる。そうなれば、下流の被害はただではすまなかっただろう。

早明浦ダムの右岸ダムサイトには「四国のいのち」と書かれた石碑があるが、これは利水としての大切さだけではなく、洪水から四国の人たちの「いのち」を守るという意味もあろう。早明浦ダムはFNAWIP（洪水調節・河川維持用水・かんがい用水・上水道用水・工業用水・発電）という多岐の目的を持っている。そのどれもが大切であり、水を一滴たりとも無駄にしてはならないという意気込みすら感じる。また実際に早明浦ダムは四国四県に水を供給しており、まさに「四国のいのち」なのである。

ただし、建設時には強烈な反対運動が起きたという。前述の旧大川村役場庁舎は、反対運動のために新しく建てられたのだそうだ。だが、時が流れ四国の人たちは水の大切さをこの早明浦ダムの活躍によって知る事となる。そして今ではダムの貯水率が四国の地方新聞に毎日掲載され、四国の人たちはそれを毎日気にして見ているという。それだけに四国の人々はダムの貯水率に対して関心が高い。これは他の地方ではなかなか見られない現象のように思う。

そんな早明浦ダムは堤高が106mあり、そびえ立つ直線重力式の堤体はそれだけでも迫力があるが、個人的に好きなポイントは鉄骨で組まれたゲートピアだ。ダムはゲートピアもコンクリートでできているという意識を持っていたが、この早明浦ダムと下流の池田ダムはゲートピアが鉄骨だ。様々な角度でこの鉄骨を見るとかっこよく見え惚れ惚れするほどなので、是非現地では舐め回すようにして見て欲しいと思う。

また、ここに掲載されている写真は特別に見学させていただいた場所から撮影した写真もあるが、早明浦ダムは見学ポイントが多く、色々な場所からダムを愛でる事ができる。是非下流にある橋だけでなく、ケーブルクレーンの跡地を利用した展望台からも眺めて欲しいと思う。

鉄骨のゲートピアが今まさに夕闇に溶け込むようであり、実に美しく感じる。ダムというとコンクリートを思い浮かべてしまいがちだが、およそ無骨になりがちな鉄骨がこうも美しく感じる事があるだろうか。更に眼前のコンジットゲートと減勢工で興奮はピークに。

奥《おく》三《み》面《おもて》ダム

新潟県

アーチ式コンクリートダム ｜ 堤高 116m

ハウエルバンガーバルブからの放流。水流は四方に拡散し、下流を白く染める。粒子となった水たちは、宙に舞い、どこまでも漂い続ける。

貌

宮島咲

新潟県、三面川の最上流にある奥三面ダム。下流には、建設からもう、かれこれ60年が経過している三面ダムがあり、その役目を助けるために建設された。2001年（平成13年）に完成したアーチ式コンクリートダムで、その高さは116mにも及ぶ。この型式のダムとしては国内で11番目の高さだが、100mを超えるハイダムとして立派に君臨する大規模ダムだ。

新潟県が管理する多目的ダムで、洪水調節の他、不特定用水や河川維持用水の確保、そしてこれらの水を利用した発電を行う事を目的としている。

三面川の治水は、今までは三面ダムが司っていたが、その能力不足のため、度々防ぐ事ができない洪水に悩まされていた。そこで新しいダムの建設が熱望された。この奥三面ダムが完成してからは、下流の安全は守られているという。

奥三面ダムは、その曲線美から女性を連想させる。完成してからまだ間もないため、その年齢はまだ若く、女性と呼ぶにはいささか早い年頃だろうか。

その姿はまだ白さが残る、あどけない容姿のコンクリートだが、所々黒ずみはじめ、少女から大人へ移り変わろうとしている変貌を感じ取れる。アーチ式特有の美しい曲線と、随所にほどこされている力強い直線。この直線があるからこそ、丸みをおびたラインが引き立つのだろう。対比するものがなければ、その美しさは半減してしまう。

非常用洪水吐から流れ出た水たちは、滴り落ちるたびにその堤体を濡らす。純白の美しい曲線は、そのたびに穢れ汚され、少女から大人の躰になってゆく。いくつもの洪水を経験し、成人としてのダムになってゆくのだ。この汚れは戦いの象徴。穢れなどではない、大人へのステップなのだ。

そして下部に設置されたハウエルバンガーバルブからは、喜びの水が解き放たれている。その水流は煌びやかに空中に舞い、宙を彩り、世界を白く染める。直線的な放流をするホロージェットバルブではなく、ハウエルバンガーバルブが設置されているのは、このダムをより美しく見せるためのチョイスなのであろう。堤体によって堰き止められた水が、バルブによって解き放たれ、少女に華麗な花を添える。

直下より眺めあげる堤体。誕生まもないうら若き躰だが、非常用洪水吐から流れ落ちた水によって穢れ汚されてしまう。

摺《すり》上《かみ》川《がわ》ダム

福島県

ロックフィルダム ｜ 堤高 105m

太陽、雪、そしてダムの非常用洪水吐のトライアングル。曲線を多用した非常用洪水吐が創る独特の空気が、夕刻を飾る。
呼吸をする度に移ろう情景は、記憶に焼き付いて離れない。その一瞬の美しさに思わず息を飲む。

今

琉

今、目の前には摺上川ダムと町が見える。
陽が落ち、家に光が灯され、煙突からほのかに煙があがる。
人々の生活が広がっている。
こうして写真を撮っている今も、日常が駒を進めている。
その情景の一部にダムが存在している。
「今」を形成する一つにダムがある。
胸に温もりが広がった瞬間。

ダムの資料館に、1枚の紙が掲示してあった。

「2011年（平成23年）3月11日 東日本大震災
摺上川ダムインフォメーションセンターの様子」
• 摺上川ダムは自家発電機（水力発電）があるため、電気が使えました。
• 当日夕方から摺上川ダムインフォメーションセンターに、約150名の住民が避難しました。
• 茂庭地区の停電は3日間続きました。3月14日には全員が退所しました。

ダムがこんな形で役に立つんだ……
少し考えれば分かる事なのに、今までろくに思いもつかなかった。
書いてあるように、ダムの自家発電用水力発電はダム湖に水がある限り使えるから余程の事がない限り電気には困らない。電気があれば、お湯も作れる、料理もできる。飲める、洗える……それに、ダムの建物なら安心感もきっと大きかったはず。
余震で倒れたらどうしよう。なんて心配も少ないだろうし。

今があるという事を少しだけ考えてみて……
どう？　もの凄く尊いんじゃないかな。
けれど、毎日毎日「今って尊いなー」と思って生活する人なんてほとんどいない。
今を常にありがたく思って生きるのは、結構難しいと思う。

求めればすぐに手に入るのが普通と思われている水も似ている。
本当は、恵まれている事なのに。
日本は雨が多い割に1人当たりの水の降水量はそれ程多くなくて、世界平均のわずか3分の1程度。
河川は急で、たくさん降ってもすぐに海へと逃げて行ってしまう。
そこを、たくさんの人の努力と技術で水をかき集めているからさほど不自由しない今がある。

ダムが水を貯めていて水に困らなくて当たり前、洪水を防いで当たり前。
そうやって、気が付かない内に今を当たり前に思ったらダメなんだよね。

人の暮らしがあるって、温かい。

選択取水設備、吊り橋、非常用洪水吐……シルエットによる静かで熱い共演。大自然とダム、どっちが綺麗？

矢《や》作《はぎ》ダム

愛知県

アーチ式コンクリートダム ｜ 堤高 100m

このアングルは一般にも開放されているエリアなので、日時さえ合えば誰でも見られるポイントだ。また、ちょうどこの時は中部電力の水力発電所の点検による代替放流で、コンジットゲートからの臨時放流見学会が開かれていた。コンジットゲートから毎秒10㎥程度の放流とはいえ、間近に見る放流は迫力があるものだ。

零

神馬シン

矢作ダムは国土交通省中部地方整備局が管理する多目的ダムで、愛知県と岐阜県の県境に位置し、一級河川矢作川の最上流に位置するハイダムだ。

この矢作ダム、ドライブやツーリングで行った事のある愛知県民や岐阜県民が少なからずいるのではないだろうか。週末ともなれば多くの車やオートバイが矢作ダムに立ち寄り、休憩に利用される事が多い。

また筆者個人の話で恐縮だが、私自身をダム愛好家として目覚めさせてくれたのがこの矢作ダムである。徳山ダム同様に足繁く通ったダムの一つでもある。名古屋市内から猿投グリーンロードを経由して枝下インターを降り、県道11号線を矢作川沿いに北上、途中岐阜県道20号線に入り更に矢作川を遡上する事になるが、右岸下流側からアプローチした場合、ダムの手前の最終カーブに入る直前、右手に大きくそびえ立つ矢作ダムの姿は壮観そのものだ。

個人的には人生で初めて「自然の中の巨大な人工物」を肌身で体感できたダムであった訳だが、矢作ダムはそれだけでなくアーチダムとしての美しさも感じる事ができる。

見た目の美しさだけでなく、愛知県民にはいまだ記憶に新しい「東海豪雨」（岐阜県では「恵南豪雨」と呼称）の際に、下流を洪水から守ったダムでもある。矢作ダムでの管理開始から38年、初めて非常用洪水吐（クレストゲート）から放流するほど流入量が多く、残念ながら被害をゼロにする事はできなかったが、矢作ダムがなければ下流域の被害が拡大し、特に豊田市内の自動車産業はもっと深刻なダメージを負っていただろうと言われる。

ただ下流の被害は最小限に食い止めたが、上流の旧上矢作町はかなりのダメージを負っており、折しも私がちょうどダム愛好家になり始めたのもこの東海豪雨の頃だが、更に上流にダムが造れないものかと素人ながらに思ったりもした。実際にはもともと堤高150mのロックフィルダムである上矢作ダムを建設する計画が東海豪雨以前からあったが、残念ながら事業は凍結されてしまった。時代の流れでもあるし、何より地元が不要と言うのならば事業凍結は致し方ないのだが、旧上矢作町の被害を目の当たりにした私としては、本当にそれで良かったのだろうかと今でも疑問に思う。

そんな東海豪雨が発生したのが2000年（平成12年）、矢作ダムの堤高は100m、ダム天端標高はEL.300m、総貯水容量は80,000,000㎥……とにかく「0」が多く、インターネット用語的に言えば「キリ番」と言ったところだろうか。覚えやすい数字なので、ちょっとした知識をお披露目して自慢できてしまうが、あまり自慢し過ぎると人間関係にヒビが入りかねないのでほどほどにしておこう。

ともあれ矢作ダムはアーチダムとしての美しさを持ちつつも、本気モードで洪水調節をして愛知県の生命や財産を守り、親しみやすさも兼ね備えた言わば才色兼備のダムなのだ。

一番右の写真は自然の中の巨大人工物を体感できるポイント。しかも直下には民家もあり、まるで翼を広げて下流を守っているかのようだ。真ん中は2011年（平成23年）に発生した台風15号直後の洪水調節をしている様子。この時の放流量で毎秒242㎥。一番左は左岸からダム湖側の堤体を写したもの。水をいっぱい堰き止めている様子がよく分かる。

苫《とま》田《た》ダム

岡山県

重力式コンクリートダム ｜ 堤高 74m

迷

阿久根寿紀

　2005年（平成17年）竣工と比較的新しい苫田ダム。非常用洪水吐に、「ラビリンス型自由越流頂」と呼ばれる型式のものが採用されている。重力式コンクリートダムの非常用洪水吐としては、苫田ダムが日本初である。越流頂はその長さと越流する水深によって流れる流量が決まる。今までは、大多数のダムが一直線状の越流頂を採用していた。一直線状以外の形にすると越流頂の長さを長くできるので、同一流量を越流させる場合には一直線状の越流頂と比べて水位上昇を抑えられるという事である。一直線状以外では、洪水吐から上流側へ椀状にせり出させて越流頂の長さを稼いだ越流頂が用いられたりしている。

　苫田ダムの洪水吐はラビリンス（迷路）という事で、V字をたくさん並べた形状を採用して越流頂の長さを稼いでいる。このラビリンス型自由越流頂は、常用洪水吐を備えたダムに設けられた非常用洪水吐なのでめったに越流を見る事はできないが、ここから越流するようだと河川災害を心配しないといけない状況なので、がっかりしないでもらいたい。

　また、コンジットゲートには引張ラジアルゲートが採用されている。一般的なラジアルゲートではゲートの軸から見て上流側にダム湖の水が接する向きに扉体が取り付けられているのに対して、下流側にダム湖の水が接するような向きに扉体が取り付けられ、アームに引っ張り方向の力が掛かるようにしたゲートである。こちらも日本で2例目とあって最新技術を駆使したダムと言えよう。

青《おお》土《づち》ダム

滋賀県

ロックフィルダム ｜ 堤高 43.5m

芸

宮島咲

国直轄のダムが言う。

「県営ダムのくせに生意気だ。」

直轄ダムからすれば、青土ダムの存在は、決して面白いものではないだろう。

青土ダムは、堤高43.5m、堤頂長360mのロックフィルダム。スペックからしてみれば、堤高も堤頂長も、ごくありふれた補助ダムにすぎない。もし、ダムを並べた一覧表があるとするなら、目に止まる事のないダムと言って良いだろう。しかし、このダムには、数値には表せない魅力があるのである。

騙されたつもりで青土ダムへ訪れてみる。下流から眺めた姿は、本当に、ごくありふれたロックフィルダム。無理やり唯一の違いを挙げてみるとするならば、リップラップが多少綺麗という事だろうか。

諦め境地で天端を渡り、左岸へと向かう。左手に洪水吐の呑口が見えてくる。

「何だこれは！」

きっと誰もがその言葉を口にする事だろう。単純ではない自然越流式の洪水吐が、私を出迎えてくれる。丸みを帯びた常用洪水吐に重なるように設置された非常用洪水吐。複合されたそのパーツは、 芸術作品と言っても過言ではないだろう。私は時を忘れ、その作品をいつまでも眺めていた。

真《ま》名《な》川《かわ》ダム

福井県

アーチ式コンクリートダム ｜ 堤高 127.5m

姫

神馬シン

国土交通省直轄ダムである真名川ダムは、福井県にある九頭竜川水系真名川に堤高127.5m、堤頂長357mのその優美な姿で佇むアーチ式コンクリートダムである。

1965年(昭和40年)に福井県を襲った奥越豪雨。真名川の上流部において3日間連続で1,000mmを超す猛烈な雨が降り、県営の笹生川ダムが洪水調節機能を喪失し堤体決壊の危機に晒され、旧西谷村中島集落が壊滅的な被害を受ける大水害となった。そのため、洪水調節機能を増強させようと建設されたのが真名川ダムである。

真名川ダム建設により、2004年（平成16年）7月の福井豪雨において被害が甚大だった同じ九頭竜川水系足羽川での雨量と同等の豪雨だったにもかかわらず、このダムの流域は浸水の被害に全く遭わなかったという輝かしい戦歴を持つ。

これにより凍結されていた足羽川ダムの建設計画が、再開されるという影響を及ぼした。もちろんダムは万能の神ではないので、ダムだけに頼らず河川改修などとミックスしてベストな治水を考えて欲しいと個人的には思う。

さて、そんな周囲に影響を与えるほどの真名川ダム。ダム湖名は「麻那姫湖」という。これは1200年も昔、干ばつで悩まされていたこの地域に住む「麻那姫」を竜神に捧げる事で、干ばつから救ったという「麻那姫伝説」から命名された。

真名川ダムは美しいアーチダムの容姿と、干ばつと洪水から地域を守るその姿は、まさに現代の麻那姫そのものである。麻那姫によって満々と水が湛えられたダム湖畔には、黄金に輝く麻那姫像が建てられている。実に麻那姫は、今もなおこの地に息づいている。

鹿《か》ノ《の》子《こ》ダム

北海道

重力式コンクリートダム ｜ 堤高 55.5m

献

宮島咲

「なぜ私を採り上げてくれたの？」

写真集に掲載された自分自身を見て、彼女はそう思っただろう。背も高くなく、グラマラスでもない、決してモデルなどにはなれない容姿だと、自分自身が一番知っている。堤高55.5m、堤頂長222mの重力式コンクリートダム。美を飾る放流設備は、クレスト部のローラーゲートが2門のみ。魅力的な女性になりたくて、色を赤く染めてみたけれど、私には似合ってないと気付いている。そんな私を、なぜ採り上げてくれたの？

彼女の内に秘めた思いを僕は知っている。決して派手ではないけれど、彼女の努力は、どんな女性もかないはしない。ひたむきに人々を守り、ひたむきに「パン」と「水」という博愛を振る舞っている事を。

威張らない、自慢しない。そんな彼女がいとおしく思えて、僕はここに採り上げた。

ほんの少しだけ曲がってしまった左岸の堤体は彼女の勲章。何としてでも成し遂げたい気持ちから、自分を曲げた。

そして、彼女はどんな人にでも心から接し、愛した。感謝してくれる人々の気持ちを、彼女は心の奥底、大切な監査廊に深く深く刻み込んだ。

彼女は、刻み込まれたいくつもの言葉たちを胸に秘め、今日も人々のために、目立つ事なく生きている。

ダムの顔とは　その2

宮島咲

前のコラムで、ダムの顔は実質的には下流側であると話した。この事実を前提として、ダムの顔についてもう少し深く掘り下げて考えてみたい。

ダムの顔の大半の要素を構成するものは、やはりダムの型式であろう。型式が異なれば、まるで人間の性別の違いのように全く様相が異なる。

人間の性別は基本的に男性女性の2種類だが、ダムの型式は大きく分けて3種類に分類される。

直線的なコンクリートの塊である「重力式コンクリートダム」。人間で例えるなら男性のようにドッシリとしたダムだ。

曲線的な造形を持った「アーチ式コンクリートダム」。こちらは重力式コンクリートダムとは打って変わって、コンクリートながら柔らかい印象を受けるダム。人間で例えるなら女性のようにしなやかなダムだ。

そして最後は、岩や土などの材料で建設された「フィルダム」。天然の材料を使用しているので、人工物であるにもかかわらず、まるで以前からそこにあったという印象を受けるダムだ。こちらも同じく人間で例えるなら、卑怯な言い方だが、男性と女性の両方であろうか。ロックフィルダムはその大きさから男性特有の力強さがあるにもかかわらず、材料である岩石は直線という要素を持っていない素材なので、女性特有の柔らかさも感じる。

この3種類の型式こそが、ダムの第一印象を決定づけるものであると考える。道行く人々を眺めて、あの人は男性でこの人は女性ね、という感じに。

次の大きな要素は、堤高と堤頂長だと考える。

堤高が低く堤頂長が長いダム、いわゆる横長ダムと、その逆の堤高が高く堤頂長が短いダム、いわゆる縦長ダムの印象は、同じ型式のダムでも全く異なる。ともすれば、同一の型式だとは思えないほどだ。

また、その二次的なものとして、堤高・堤頂長とも大きい巨大ダムや、その逆のコンパクトなダムという分類もなされる。人間でいうと、背が高い人、太っている人、大きな人、小さな人という感じだろうか。

先に述べた型式と、これらのサイズの組み合わせで、自分の好みのダムが大体決まってくる。人間で例えるなら、背の低い女性が好き、背の高い男性が好きなどという具合だ。

そして次の大きな要素は、下流側を飾る放流設備であろう。クレスト部（ダムの上部）に、どのようなゲートを何門装備しているかなどである。ゲートを1門しか装備していないダムもあれば、10門以上装備しているダムもある。また、クレスト部のみならず、オリフィス部（中腹部）やコンジット部（底部）にも放流設備を装備しているダムもある。

これをまたもや人間で例えると、放流設備は目鼻などの顔のパーツを表しているものだと考える。派手な顔つきの人間や、地味な顔つきの人間という具合だ。

ここに挙げた大きな3要素。型式は性別を表し、サイズは体つきを表す。そして、放流設備は顔つきを表していると考えれば、ダムを見る目も変わる事だろう。

アーチ式コンクリートダム（矢木沢ダム・群馬県）

重力式コンクリートダム（藤原ダム・群馬県）

ロックフィルダム（奈良俣ダム・群馬県）

第3章

死

を悲しまないで。
あんなに大きなダムにだって寿命がある。
でも、また生まれ変わり、私たちを見守ってくれる。
彼らの生き様を見てあげて。

小《お》河《ご》内《うち》ダム

東京都

重力式コンクリートダム ｜ 堤高 149m

余水吐の先にある副ダム。流れ落ちる水は美しい波紋と共に、民を支える力強さを表現していた。

爵

宮島咲

東京を支えた名君。東京都の水瓶として、現在も現役で働き続けている57歳の男爵。戦前の1938年（昭和13年）11月に建設が始まったが、途中、第二次世界大戦が勃発し、建設中断を余儀なくされた。

戦後である1948年（昭和23年）9月、建設工事は再開され、その9年後の1957年（昭和32年）11月26日、無事、完成に至った。建設開始から完成まで、19年もの歳月が流れたが、このダムの完成は東京都民の望みであった。

小河内ダム。堤高149m、堤頂長353mの非越流型直線重力式コンクリートダム。通常の重力式コンクリートダムとは異なり、クレスト部に放流設備を装備していない。余水吐と呼ばれる放流設備が左岸に別に設けられており、5門のローラーゲートにて放流を行う。

このダムの目的は上水道用水の確保。同時に、東京都交通局が発電も行っている。東京都の上水道用水は、今でこそ利根川水系のダムたちに頼っているが、当時はこの多摩川水系の小河内ダムに頼らざるを得なかった。現在、小河内ダムの水は、東京都が使用する上水道用水の20％ほどしか供給していない。

それでも、この小河内ダムは今でも重要な存在だ。利根川水系のダムたちがダウンした時、都民の喉を潤しているのは男爵のおかげだ。半世紀以上も支えてくれている彼に、エールを贈りたい。

左の写真は、右岸から眺めた余水吐。水上に浮かぶオレンジ色の網場がその存在を引き立てる。
右の写真は、展望台から眺めた堤体。50年以上も前に設計されたダムにもかかわらず、広大な天端を持っている。

胆《い》沢《さわ》ダム

岩手県

ロックフィルダム ｜ 堤高 132m

ここは、胆沢ダムのどこか。暗い空間から、眩しい光の降り注ぐ世界へと大きく口を開けている。
トンネルは、世界と世界を繋げている。そこは少し怖くて、ドラマチックで、引き込まれそうな空間。

繋

琉

胆沢ダムの話をすると、大体セットで語られるのが石淵ダム。「日本で最初のロックフィルダム」とか「貴重なコンクリート表面遮水ダム」とか「北上川５大ダムの第一弾」とか、歴史ある肩書きだらけのダムだった。偉大過ぎるとも言える先祖に取って代わって造られたのがこの胆沢ダム。石淵ダムは胆沢ダムの貯水池に姿を消し、現役から退くその光景に哀愁を感じる人は多分少なくなかったと思う。

そうやって色々なものを背負って生まれたのが胆沢ダムだと勝手に思っている。今ではやや小ぶりだった石淵ダムと比べると100mを超えて大きなダムになって、色々な所を見ても「今のダム」なんだねと感じる。ダムの大きさだけじゃない、貯水池も、湛水面積も、利水容量も……ありとあらゆるものが大きくなった。ただ、大きくなったと言っても個人的には「成長」と言うより「進化」と言う感じ。全く新しいダムなんだから、進化と言うのも変かもしれないけれど。いや、やっぱり石淵ダムからバトンタッチしてこれからを支えるんだから、進化かな。石淵ダムと胆沢ダムは繋がっているからね。

繋がる。

当然だけれど歴史というのは繋がっていて、一つのステージの上を進んでいる。胆沢ダムの歴史を遡れば石淵ダムがあって、更に遡れば……という感じで。まるでそれぞれが手を繋いでいるかのようで、なかなかそれぞれを切り離して語る事は難しい。繋がりは煩わしい時もあるけれど、繋がりを感じて心温まる時もある。

本当は石淵ダムの事を抜きにして胆沢ダムの事だけを書きたかった。けれどそれはできなかった。自分自身、石淵ダムに何度か行った事がある。「これから君は沈むんだよね……」と思いながら。そんな事をしていたせいか、どうしても切っても切れなかった。

ダムの再開発や、胆沢ダムと石淵ダムと同じように新しいダムの貯水池に古いダムが水没する事は、今も色々な所で起きているし、これから増えるかもしれない。ふと思い出しただけでも、あそこと、ここと……と思い浮かんでくる。そんなダムに出会ったら、繋がりを感じて欲しい。そこに広がる景色は、繋がってきたものだから。

ダムのバトンタッチ、それは過去と今と未来を繋ぐもの。

時の流れは誰にも止められず、受け継がれそして未来へ繋がってゆく。
数十年の歴史が、こうして次へと受け渡される。
そうして懐かしむのも良いけれど、今を生きる胆沢ダムも美しい。
大きく進化した胆沢ダムは、これからの時代を守ってゆくのだから

忠《ちゅう》別《べつ》ダム

北海道

呑

宮島咲

北海道の美瑛にある忠別ダムは、長い長い超横長ダム。2006年（平成18年）に完成したばかりの若いダムだが、そのスペックは半端なものではない。堤頂長885mに対し堤高86mと、高さに比べて約10倍の長さを持っている超横長ダムなのだ。これだけ長いと86mという決して低くはない堤高も、半分以下の高さに見えてしまう錯覚が起こる。更に広大な北海道の大地にあいまって、そのスペックは実寸よりも全て小さく見えてしまうほどだ。

ダムの型式は、コンバインダムという特殊なもの。重力式コンクリート型式とロックフィル型式の2種類を組み合わせ一つの堤体を形成している、いわゆる複合ダムだ。この型式のダムは国内に22基しか存在せず、その内の4基が北海道に建設されている。

このダムの仕事は洪水調節と、かんがい用水や上水道用水の確保。そして河川維持用水を利用した発電である。このダムによって、下流の旭川市や深川市を洪水から守り、またこれらの地域に上水道やかんがい用水を提供している。

堤体は595mのロックフィル部と290mの重力式コンクリート部から形成されており、ロックフィル部に飲み込まれそうになっている重力式コンクリート部が、かろうじてコンバインダムという事を主張している。その様子は、まるで自然界に存在する天然の石たちが、人工物であるコンクリートを飲み込んでいるようだ。そう、それは、自然に対する人間の非力さを象徴するかのように。そして自然の偉大さを誇張するかのように。

コンクリートを飲み込む石たちは、天然の川砂利だ。長い歳月をかけ、少しずつ削られ丸くなった石たち。角のない石たちが、直線で構成された無機質なコンクリートたちを優しく包み込む。「刺々しく生きず、優しく生きろ」と説法するように。

しかし重力式コンクリート部は反論をする。堤体のほぼ全体に設置された12門の自由越流式非常用洪水吐が、人々を守るのは俺しかいないと主張をする。センターに設置された2門の放流ゲートと1門の常用洪水吐も同意見だ。そして重力式の堤体から突き出る取水設備は、このダムを運用するのは俺だと言う。コンクリートという人工物こそが、人々を支えているのだと。

このダムは自然と人工の境界線。一つの堤体に存在する二つの世界。互いに理解し、そして融合し、分かち合える日は訪れるのであろうか。

小《こ》渋《しぶ》ダム

長野県

説明の必要がない。美辞麗句で飾る必要のない美。女性とするか、男性とするかはあなた次第。

優

琉

優しい……優れた……優……様々な表情を持つ「優」。ダムは男らしくて、強くて——みたいな印象じゃない？ でもそれだけではなく、かっこいいとか、美しいとか様々な形容詞も出てくる。

ダムというのは命や財産、環境など、たくさんのものを守っている。守るには、強さが必要。だから強さは優しさでもあると俺は思っている。

大きなダムは迫力とかの分かりやすい印象がどうしても先行するけれど、俺は小渋ダムに迫力と同じくらいの優しさも感じる。

すらっと伸びたエレベーター塔、スマートなアーチ。ビジュアルも強く優しく美しい。ずっと眺めていたくなる。この場から離れたくないほどに。

アルプスを源にするダム湖は、独特の色をしている。美しいと見るか、そうでないと見るか。砂が多いため青く透き通る事はなく、静かにダムへと貯まっている。

しかしそれが今、たくさんの人の努力によって解決されようとしている。ダムができて終わりではなく、その後も大事に愛されている。我々を必死で守るダムを、人間も精一杯サポートする。愛し愛されて生きている。そういう事を思うと、胸が熱くなる。

大いなる自然の使者である水と砂と戦い生きて来た小渋ダム。これから先の未来もその戦いが終わる事はない。強く優しいヒーローの日々が終わる事がないように。

大変だと思うけれど、これからも優しいあなたでいて欲しい。また会いにくるから。

「やっぱりアーチはかっこいい」と言う人は多い。曲線美という言葉があるように、人間は曲線を本能的に美しく感じる生き物なのか？
ずっとこの場所から見つめていたかった。この形の醸す世界はとても香しく、一度引き込まれると後戻りが難しい。

大《おお》井《い》ダム

岐阜県

発電専用のダムによく見られるのが、川幅いっぱいに広がったゲート群だ。こうしたダムはゲートが並んでいる様を、横から一点透視でつい撮影してみたくなる。
整然と並んだ姿がまたかっこよく美しいのだ。古さの中にも規則性を持って並んでいる事に美を感じる。もちろん古さにも美はあるが。

桃

神馬シン

日本有数の大河川、木曽川の中流域にある大井ダムは、1924年（大正13年）に建設された発電専用の重力式コンクリートダムである。急流で水量が豊富な木曽川に目をつけ電源開発に着手したのは、慶応義塾大学創始者の福澤諭吉の養子であり、「日本の電力王」とも呼ばれた福澤桃介である。

当時ダム建設技術が未熟だった日本だが、幾度の洪水や資金難によって工事を中断させられながら苦労の末に完成した。現在の大井ダムの姿はそうした先人の方々の苦労によってできた巨大建造物である訳だが、平成になって最新の建設技術でできた真っ白なコンクリートのダムと比較すると、確かに古く無骨なダムである。だが、それもまた味があるというものだ。整っていない導流部、ズラリと並んだゲート群、大正ロマン漂う天端高欄の意匠……どれをとってもまさに古き良きダムである。

福澤桃介は福澤諭吉の娘と結婚していたが、これはいわば政略結婚であった。慶応義塾時代に馬術が縁で知り合った日本最初の女優川上貞奴とは、女優引退した後に愛人の仲となる。しかし単に愛人というだけではなく、桃介に資金援助したり、時には大井ダム建設現場まで桃介と同行したりするほどの豪胆さを持っていたそうだ。

1933年（昭和8年）、貞奴は岐阜県各務原市に貞照寺を私財で建立するが、本堂の楼閣には多数の木製のレリーフがあり、その中に大井ダムのレリーフがある。また貞奴が死去した際にはこの貞照寺に葬られるが、霊廟とその前に立つ観音像は大井ダムに向かって立っている。まるで死後も桃介の事を愛してやまない貞奴の気持ちを表しているかのようだ。

桃介に関しては名古屋市千種区にある日泰寺舎利殿参道に「福澤桃介君追憶碑」という石碑が建立され、名古屋を東京や大阪に次ぐ第3の都市に成し得た功績が讃えられている。これは桃介が社長として指揮を執った大同電力・東邦電力・名古屋鉄道・矢作水力・大同製鋼の5社が協賛して建立された。

ただ愛知に住む筆者からすると、桃介の名前は名古屋市内ひいては愛知県内ではあまり知られていないように感じる。女優でもあった貞奴については文献も豊富でよく知られているが、なぜか桃介の名前は小学校や中学校でも聞いた記憶が全くない。むしろ、ダム愛好家になって数年経ってから知ったぐらいだ。それは桃介と貞奴の関係からなのか、それとも名古屋財界との確執からなのか……ともかく名古屋市民はもっと桃介に関心を持って欲しいと思う。名古屋をここまで大都市にしたのは他でもない桃介であると。

コンクリートによる造形や意匠など目に見える部分を愛でるのも良いが、そうした歴史を知る事ができるのもまたこのダムの魅力でもある。ダム建設の背景やダム建設に関連する企業や人々をどんどん深堀りすると、また違ったダムの魅力が増えるのだ。是非ダムの歴史にも触れてみて欲しい。

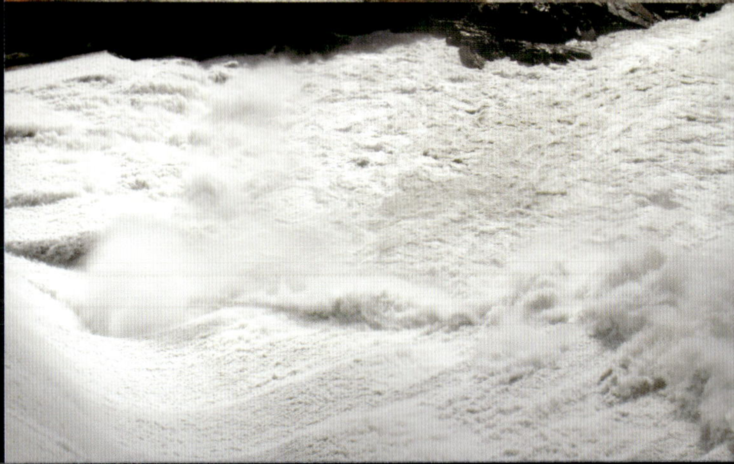

整然と並んだゲートもアップにすると、コンクリートの表面がかなりざらついているのが分かると思う。だがこれが、この大井ダムの風格でありアイデンティティでもある。
それは長年の歴史が作り上げただけではなく、福澤桃介の息吹が作り上げたと言っても過言ではない。

津《つ》軽《がる》ダム

青森県

代

琉

ここ最近、インフラの維持管理とか大規模修繕とかの話を聞く事が増えた気がする。道路とかトンネルとかが筆頭かな。で、ダムもその一つ。ダム自体はちゃんとお手入れすれば数十年くらいは平気で持つから、大体のダムは人間より寿命が長いと思っておいた方が良い。実際、もう50歳とか60歳とかのダムはたくさんある。

けれど、身体は平気だけど訳あって現役引退って話はちらほら聞く。その訳はダムによって様々で、不要になったとか、もっと大きなダムが必要になって水没とか。

津軽ダムは、目屋ダムからの世代交代。津軽ダムができる事によって、目屋ダムは水没してしまい現役引退。目屋ダムに限らず目の前で自分より大きなダムが造られて、やがてはそいつに沈められるってのはどんな気分なんだろう。寂しいのか、隠居の気分なのか、もしかして恨んだりするのか。そんな事ないって信じたいけれど。

今回の写真集の中で、他にも水没したりする予定のダムの事に触れていたりすると、ダムも移ろうものなんだなって思った。

津軽ダムだって、十分過ぎる程かっこいい。けれど、目屋ダムとの別れだって寂しい。出会いには別れが付きものとは良く言ったもので、ダムの世代交代も同じ。

新しいダムに会いたい気持ちと、これまでのダムと別れたくない寂しさ。ダムの世代交代に、こういう思いを馳せる人もいるんだよ。

世《せ》木《ぎ》ダム

京都府

没

阿久根寿紀

　下流に新しいダムが建設された際、湛水範囲で水深の深い場所に既存のダムが含まれる場合は、ゲート等の管理機器を撤去した後、ダム湖へ水没する事が多い。その場合、貯砂ダムとして再利用される場合もあるが、水を貯める役割を持つダムとしては寿命を終えた事になる。

　ところが中には、水を貯める役割を持つダムとしての機能を維持したまま第二のダム生を送るダムもある。数少ないそのようなダムの中の一つが、この世木ダムである。

　下流へ日吉ダムが建設された際に、ゲートを撤去されて自然越流型のダムとなった。ゲートがなくなったために満水位標高こそ下がっているものの、水を堰き止める機能はそのままに日吉ダム湖にその堤体を一部没しながらも、以前と変わらず関西電力新庄発電所の取水先として利用されている。

　また、ゲートを撤去してゲートレス化した場合、ゲートピア等も撤去されるため、日本でのダムとしての堤体高の基準15mを下回り、ダムとしての扱いから外れる事もあるが、世木ダムは15m以上あるため『ダム年鑑』へも掲載、ダムとしての立場で存在し続けている。

　キーワードに選んだ没という文字は、使われなかったとか沈むとか、どちらかと言うとネガティブな意味合いに使われる事が多い言葉であるが、世木ダムの場合はその身を水没させながらも働いている栄誉ある没なのである。

笠《かさ》堀《ぼり》ダム

新潟県

重力式コンクリートダム ｜ 堤高 74.5m

再

琉

新潟県って、とにかく広い。広いというか、長い。ただ、それを意識している人は意外と少ないかもしれない。片方の端は山形県、もう片方の端は富山県っていうと分かりやすい。自動車で移動するなら東京から名古屋へと移動するのとほぼ同じ覚悟が必要。「一つの県でしょ？　楽勝！」とかやっているといつまで経っても新潟県の呪縛から逃れられないとか、ありがちですから。

そんな想像より長い新潟県の、長岡市や三条市の山側にあるのが笠堀ダム。すぐ近くにロックフィルダムの大谷ダムがあるから、もし行った時はそちらも忘れずにね。とっても普通で、飛び道具みたいなものは特に持っていないんだけれど端正で綺麗。正統派の美形というか。「あれもこれもあって、どう⁉　かっこええやろ！」、じゃない。

笠堀ダムは実は災害復旧計画によるかさ上げの計画があって、4mかさ上げされる（計画段階）。かさ上げはダムの下流側にコンクリートを付け加える感じになるから、今見ている姿とはいつかの別れがほぼ確約されてしまった。理由は様々だけれど最近は色々なダムの再開発があって、この写真集にもいくつか載っていると思う。親しんだ姿との別れは寂しいけれど、ダムはノスタルジーに付き合うためにある訳ではなくて人を守るために存在している。だから、優しく見守っていないといけないと言い聞かせる。

表情が変わっても、再び会う時はまたかっこいいダムであって欲しいな。別れの悲しさを晴らすような、再びの出会いになりますように。

丸《まる》山《やま》ダム

岐阜県

刻

琉

ダム銀座とも言われる木曽川。しかし、丸山ダムより上流にあるのは発電専用ダムばかり。長野県側には牧尾ダムや味噌川ダムくらいしか多目的ダムがない。長野県から国道19号線を木曽川沿いに下ると、またダム、またダム、また発電所、また発電所……といった具合に忙しい。なんて幸せな悲鳴。

丸山ダムはそんな発電所ダムばかりの木曽川に、ぽつんと存在する多目的ダム。それまでは「端から端まで全部ゲート」みたいな発電ダムばかりを延々と見ていたから、ゲートが真ん中に数門あるだけの普通の重力式ダムってだけで珍しい存在みたいな気がしてくる。しかも、木曽川辺りに居並ぶ発電ダムは重鎮も多くて、丸山ダムの歴史でさえ霞みそうなほど。

遠くから木霊する工事の音、ダム湖を掛ける風の音。湖を眺めると遠くに赤く美しい橋。人の手によって作られた、素晴らしい情景。

大きな木曽川だけど、この日は大人しかった。けどひとたび目を覚ませば、一気に水が牙を向くのも川。きっと丸山ダムの堤体には戦いの傷がいくつも刻まれている。その身体を身代わりにして、この地をそして下流を守ってきた。

ダムに刻まれた歴史は数えきれない。完成がゴールではなく、スタートだから。きっと、嬉しい事もあれば辛い事もあったと思う。

こうして丸山ダムに会えるのも、いつの日かまで。あと何度、この姿を、この景色を眺められるのか分からない。

だって、丸山ダムはいつか新丸山ダムに水没してしまうから。

ダムの顔とは　その3

宮島咲

城壁の化粧を施した四万川ダム（群馬県）

前の二つのコラムでは、ダムの性別や体型、顔つきを決める要素を語らせていただいた。さて、最後の要素は何であろうか。それは多分、多くの男性にはあまり馴染みのないものかもしれない。

今回はあえて、人間の例を先に挙げてみる。最後の要素とは「化粧」であると考える。地味な顔つきの人間でも、化粧をすれば派手な顔つきになる事ができる。逆に派手な顔つきの人間でも、化粧を施せば汚れのない少女に見える。人間は化粧次第で、いくらでも化ける事ができるのである。

赤いゲートを持つ中部電力の久瀬ダム（岐阜県）

これはダムにも言える。どこにでもある無難な造りのダムでも、クレストゲートの色を赤く染めれば華やかな雰囲気になる。堤体に石垣の模様を施せば、ファンタスティックなダムになれる。クレストゲートからの水の流れを分ける、デフレクターの形状を奇抜なものに変えれば、誰もが目を引くダムになれる。

このようにダムの顔を決める最後の要素は、機能的には意味をなさない化粧だと考えた。ただし意味をなさないと書いたが、実際には意味をなす化粧もある事を、設計者に怒られないよう念のために述べておく。

ダムの顔を決める要素をまとめてみる。

型式は性別を表し、堤高・堤頂長は体つきを表す。そして放流設備は顔つきを表し、ダムに施された装飾にて、ダムは化粧をされる。ダムの顔つきは、これらの要素によって決まるのだと私は考えている。また、このように人間へと比喩して考えると、ダムの顔の要素も意外と人間と同じようなものではないかと思う。

さて話は少々大きくなるが、今度は顔だけではなく、全体像を見て比較してみると面白い事が分かる。

人間には家族や会社、学校などの所属する組織があるように、ダムにも所属する組織が当然ある。どの組織に所属しているのかを区別するには、人間の場合、一番分かりやすいのが「制服」であろう。実はダムにも、制服に似た同じようなものがあるのだ。

一番分かりやすい例は「色」だろう。中部電力に所属しているダムはゲートの色が赤く、関西電力のダムはゲートの色が漆黒だ。また化粧という面から見れば、国や水資源機構が所有するダムはバッチリメイクをキメており、電力会社のダムは化粧っ気のないスッピン。もちろん定められた制服を拒否する人もいるように、ダムにも例外はある。このような感じで、ダムにも各々の個性を統一する制服が存在するのだ。

以上のようにお話しさせていただいたダムの顔。これはあくまでも私個人の考えである。当然、それは違うと思われる方もいらっしゃるだろう。十人十色。人それぞれ考えが異なって当然だ。ただその場合、このように顔を決める要素を列挙してみると面白いかもしれない。きっと、自分なりのダム趣向が見つかるはずだ。

まるで白人の鼻のような高さを持つデフレクター（写真中央の出っ張り／大石ダム・新潟県）

第4章

素の顔を知って。

何の変哲もないダムの風景。ただただ通り過ぎてしまう風景。
目立たないダムだけど、そんなダムを知って欲しくて。
遠くから見守ってあげて。

長《は》谷《せ》ダム

兵庫県

重力式コンクリートダム ｜ 堤高 102m

雪舞う中に霞む長谷ダム。あえて1枚目とほぼ同一のアングルで撮影する事により、天端や導流壁の直線が強調されて見える
晴れた日のクールな堤体とは対照的に、曇り空と雪でコントラストが低い柔らかいイメージの堤体となった。

襟

阿久根寿紀

揚水式発電専用のダムといえば電気を水の位置エネルギーに変換し、需要や他の発電状況に応じて揚水運転で預けたり発電で引き出したりと、あたかも銀行に運転資金を預けたり下ろしたり、または市況に応じて株の売買を行っているような最もビジネスライクと言ってもよいダムである。

ここ長谷ダムは、その外観からしてビジネスマンの姿が浮かんでくるダムだ。自由越流頂から堤体導流壁がＶ字状に延びている部分が、あたかもワイシャツかビジネススーツの襟のようである。揚水式発電の場合、下部貯水池のダムは発電以外にも使用される事が多いのだが、長谷ダムは発電専用ダムとこれまたビジネスライクなのである。

この外観は、発電に使用するダムの場合、水位をなるべく高く保持したいが、洪水の際には越流頂を超えた後の水位上昇はなるべく低く抑えたいといった条件に加えて、ゲートを持たない自然越流型ダムが故に越流頂の長さを長く確保する必要があるため生まれた、必然とも言えるデザインである。

晴れた日には、際立つダム堤体の白さがジャケットを脱いでワイシャツで頑張るクールビズの如く、雨や雪の日には霞んだ堤体がコートを着込んだウォームビズの如くと、晴れの日も雨の日も黙々と働くビジネスマンに見えて来ないだろうか。

日中、見学可能となっている天端からはダム湖と大河内発電所の放水設備を、ダム湖上流側からはダム湖が比較的小さいため、
堤体及びダム湖が絵的に収まりの良い形で撮影できる。また、ダム湖に残る、長谷ダムができる以前にあった発電所の導水路跡も興味深い。

尾《お》原《ばら》ダム

島根県

重力式コンクリートダム ｜ 堤高 90m

減勢工である副ダム。コンクリートとは思えない美しい曲線と、コンクリートである事を主張する直線で構成されている。
四方に向いた呑口は、あらゆる洪水に対応する。

技

宮島咲

島根県の東部に位置する尾原ダムは、2010年（平成22年）に完成した最新鋭ダム。県庁所在地である松江市や、歴史的遺産が多く残る出雲市などを守るために建設された。宍道湖に注ぐ斐伊川の本流にあり、稼働後はこの河川の水量を司る大切な存在となった。

堤高90m、堤頂長440.8mの重力式コンクリートダムで、国土交通省が管理する多目的ダム。洪水調節の他、河川維持用水の確保と、上水道用水の確保を目的としている。

完成から今日まで、まだ4年ほどしか経過していないにもかかわらず、残念ながら堤体の色は決して美しいと言えるものではない。堤体の上部は黄ばみ、真新しいコンクリートとはかけ離れた見栄え。建設工程における汚れらしいが、今後この場所に100年鎮座する巨大構造物なのだから、生まれたての頃ぐらいは純白で汚れなき白無垢で着飾って欲しいと願うのは、ダムを愛する気持ちからだろうか。

しかしダムは色ではない。外見が全てではない。人と同様、見た目よりも、最後に選ばれるのはハートなのだ。このダムは誕生まもないという事で、その熱く煮えたぎる魂こそ試されていないが、その心はこのダムの装備を見れば分かる。尾原ダムは最新鋭の技術と構造的美観を併せ持ち、下流の人々を助ける心優しい、そして美しいダムなのだ。

まず目に付くのは、クレスト部に装備されている2門のラジアルゲートであろう。派手な色に塗装はされていないが、その重厚感から、下流を守り抜くという意気込みが伝わってくる。そしてゲートからの導流部は、綺麗な曲線を描きながら空中で途切れている。スキージャンプ式減勢工と呼ばれているものだ。クレストゲートから流れ出た水は、スキージャンプのように空中に放り出される。2本の導流部はお互いに寄り添い、空中の遠い先で交わる。放流というものをダイナミックに、かつ理にかなった方法で見せる演出だ。

目を落とすと副ダムと呼ばれる堰堤が見える。そして何か異様な姿に気づく。副ダムに開けられた四つの穴が、それぞれ別の方向を向いて並んでいる。流量に応じて流れ出る穴が異なるのだ。その堰堤、そしてその穴たちは丸みを帯び、コンクリートとは思えない柔軟性を持っている。まるで粘土細工のようだ。これほど複雑な副ダムにする意味は、合理的観点から見れば皆無なのかもしれない。しかしこのフォルムは人々の心を揺さぶり、しばらくの間、凝視してしまう事だろう。引きつける何かがあるのだ。

他にも、水中放流設備や連続サイフォン式取水設備など、人や環境に優しい最先端技術を装備している。これらの設備はまだ大活躍こそしていないが、いずれその日がくる事は確かであろう。

最新の設備を贅沢に備えた尾原ダム。いたって無難な現代的な造りだが、随所に工夫が垣間見られる。

大《おお》美《み》谷《だに》ダム

徳島県

アーチ式コンクリートダム ｜堤高 31.5m

道路からダム堤体までの距離がおよそ35mあるが、この距離でも24mmフルサイズカメラの画角にダム堤体がちょうど収まる小ぢんまり具合である。
肉眼ではアーチの曲がり具合はここまできつくないが、広角〜超広角レンズを使用するとパースの強調が効いてより一層小ささが際立つ。

小

阿久根寿紀

アーチダムというと大規模なものを想像しがちであるが、ここ大美谷ダムはその名の一部に大がついているのとは裏腹に、初めて見るとびっくりするぐらい小さいのである。

アーチダム、特に非越流型のアーチダムには下流側にキャットウォークを設ける事が多いが、このキャットウォークが1段しかないという小ぢんまりっぷりであり、実際のサイズも堤頂長86m、堤体高31.5mとアーチダムとしてはなかなかのミニサイズである。

ダム堤体上流側に回るとダム湖が小さいため、ダム堤体より比較的近い所からの撮影となるにもかかわらず、超広角レンズを用いなくともダム堤体全体を画角に収める事ができるミニっぷりである。

そしてダム堤体そのもの以外に、ダム堤体上流側正面から見た湖水のクリア感も見学した際に印象に残るポイントである。見学に行かれる方は是非、濁りが出ない天気かつ陽が高い時刻に行っていただきたい。手前の方に沈んでいる岩が陽に照らされて水中に浮かび上がり、クリア感が更に強調されて見えるのである。

このダムの使用目的である発電であるが、ダム堤体が小ぢんまりとしているので、送水先の四国電力広野発電所も小規模な物を想像しがちであるが、こちらは満水位標高526mという標高の高さから得られる落差292.70mに最大で毎秒14.30㎥の流量が相まって、最大35,700kWと結構な出力なのである。

超広角レンズでダム堤体下流を撮影すると、河川維持放流用の流れ込みまで写し取る事ができる。非越流型ダムのため、下流は鬱蒼とした木々に覆われている。
また、ダム湖は透明感のある深い緑色をしており、網場に使用されているブイのオレンジ色との対照が印象的であった。

三《み》浦《うら》ダム

長野県

重力式コンクリートダム ｜堤高 83.2m

木陰から少しだけ覗く顔。多くの人の目に触れる事もなく、昨日も今日もそして明日も……静寂の中に構えている。
積み重ねた時の重さは、たとえそれが物言わぬダムだとしても、無言のメッセージが教えてくれる。

厳

琉

　三浦ダムは、ダムを好きな人の中ではちょっとした聖地というか、秘境というか、どこか特別な存在。木曽の山奥深い所にあって、自家用車では行けない。それだけで秘境と言うには十分。それに加えて、第二次世界大戦を抜け生まれたダムとなれば特別な存在感がある。

　ダムを一目見れば感じる歴史の長さ。そして、荒涼とした雰囲気。何回行っても、三浦ダム独特の世界がある。ダムの堤体から放つオーラが普通じゃない。

　この辺りの自然環境は厳しくて、冬は雪と氷の世界に閉ざされる。ダムを建設していた当時は、第二次世界大戦の影響もあったと思う。苦労の中から生まれ、厳しい自然の中で生きる。そして発電専用ダム。ストイックとか、シビアとか、そんな言葉が似合う。人に例えるなら何だろう。厳しい時代を生き抜いて今も現役バリバリのお爺さん？　怖そうだけど、心は広く優しい……お爺さんなんて言ったら、ちょっと怒られるかも。でも、若くてハリのあるダムでもないでしょう？

　新しく綺麗なダムも、もちろん見ていて気持ちが良い。だけれど、時を重ねなければ得る事のできない雰囲気というのもやっぱりあって、三浦ダムはその雰囲気を一帯にまとってる。発電ダムおなじみのゲートのラインダンスもないし、巨大な訳でもないけれど、放つ雰囲気は一級で、誰にも真似できない。

　だからしょっちゅう行くのは大変でも、たまに会いたくなるんだよ。あなたじゃなきゃ駄目なんだ。

4月だった。桜とか花見とか街では盛り上がっている頃、この場所にその香りはしない。賑わいに必要不可欠な電気を、まだ冬の面影が残るこの場所から静かに送り続ける。
完成から数十年たった今でも、元気に生きている姿をこうして見られて嬉しかった。

畑《はた》薙《なぎ》第《だい》一《いち》ダム

静岡県

中空重力式コンクリートダム ｜ 堤高 125m

左岸側から撮影した畑薙第一ダム。左岸側からが最も見やすく、中空重力式コンクリートダムならではの堤体上寄りに並ぶ通気口の丸穴に加えて、洪水吐がカーブを描いて下りている様子がよく分かる。撮影を行った日は数日前の大雪が残っており、当地では珍しい雪景色となった。

空

阿久根寿紀

中空重力式コンクリートダムは日本に13基存在しているが、その中で日本最大となるのがこの畑薙第一ダムである。

ちなみに日本にある中空重力式コンクリートダムの内12基で水力発電が行われており、その内、揚水式発電で使用されているダムは、上部貯水池用ダムとして畑薙第一ダム、大森川ダム、穴内川ダム、諸塚ダムの4基、下部貯水池用ダムとして高根第二ダム、畑薙第二ダムの2基である。

高根第二ダム、畑薙第二ダムは下部貯水池用ダムであり、大森川ダム、穴内川ダム、諸塚ダムはダム水路式発電のため、ダム式発電で中空重力式コンクリートダムに揚水式発電所が設けられているのは畑薙第一ダムだけである。

さて、一般的な中空重力式をご覧になった事のある方なら、写真を見て「おやっ？」と思われたかもしれない。

一般的に中空重力式というと、ダムを河川流路方向に切断した場合の断面が二等辺三角形になっているのであるが、畑薙第一ダムは洪水吐流路下部が大きく膨らんだ形状をしている。この膨らんだ部分に発電電動機及びポンプ水車が設置され揚水式発電が行われているのである。

ダム堤体そのものは直線を基調としたデザインだが、洪水吐部分は曲線を用いたデザインとなっており畑薙第一ダムを印象づけるものとなっている。

更には越流型ダムにもかかわらず天端に出っ張りがほとんど見られない点、クレストゲート右岸側脇の堤体に埋め込まれたかのような監視所がある点もまた畑薙第一ダムを印象付けているのである。

満水時及び大幅に減水したダム湖と、クレストゲート付近の上流側の様子を並べた。満水時にはクレストゲート上流側が、あたかも水に浮かんでいるような眺め、減水時にはダム堤体上流面に、中空重力式独自のダイヤモンドヘッドと呼ばれる出っ張りを見る事ができる。

清浦ダム

鹿児島県

重力式コンクリートダム ｜ 堤高 38.1m

苔

宮島咲

鹿児島県にある、決して目立たない洪水調節専用ダム。鹿児島県が管理する重力式コンクリートダムで、堤高38.1m、堤頂長66.5mのごくありふれたダム。何も秀でる事もなく、何も悪くもなく。頑なに下流を守り続け、40年の歳月が流れた。完成当時の華々しい面影は今はなく、ただ苔にまみれた姿を晒すのみだった。きっと当時は美しいコンクリート色だったのだろう。やがてそれは黒ずみ、苔が生え、哀れみすら感じる姿になっている。ただしそれは単純なものではなく、40年の歴史を緑色に輝く苔たちが語ってくれている。クレストにある真紅のラジアルゲートは彼の魂。下流を守る心は、いつも赤く燃えたぎっている。その精神を忘れないよう、彼はいつも頭上に真っ赤な三つの魂を掲げている。

完成当時は同じ水系の鶴田ダムと共に、川内川を守る兵士として、きっと多くの人に期待されていた事だろう。彼は当時からコツコツと洪水調節をし、下流を守り続けてきた。しかし先輩の鶴田ダムにはかなわなかった。大雨がやってくるたびに、鶴田ダムばかりがもてはやされ、彼の活躍を讃える声は届かない。それでも彼は自分を卑下する事なく、下流を守り続けた。今までの40年間、そしてこれからの60年間も。その活躍は、青く光る苔のみが知っている。

秋《あき》葉《ば》ダム

静岡県

重力式コンクリートダム ｜ 堤高 89m

腰

阿久根寿紀

秋葉ダムの堤体高は89m。画像や実物を見ると、とてもそれだけの高さがあるようには見えない。なぜなのか。

ダムは一般的には遮水性の良い地層まで掘り下げた後に堤体を構築していくのだが、重力式コンクリートダムの場合は堤体高に比してダム敷の面積が小さいため、遮水性に加えてダムの重量に耐えうる地層が必要となる。秋葉ダムは暴れ天竜とも呼ばれる天竜川に設けられており、暴れ天竜により堆積された土砂の厚みがかなりあるので、その分を掘り下げてダムを設置せねばならず、このような状況となっているのである。

なお、ダム敷の面積を広くすれば良いのでは？という考えも浮かぶと思うが、同じ堤体高でダム敷を広くするという事は堤体積が増え、コンクリートの量も増えるのでコンクリートダムの利点の一つが抑えられる事になる。ちなみに、ダム敷を広くして重量を分散させているダムの種類としてはロックフィルダムが該当する。

またクレストゲートには、天竜川が出水した際の大流量を流すために設けられた巨大なローラーゲートがずらりと並び、更に洪水吐が急勾配のまま減勢池へと向かっているその様は、ダムが低く見える事など吹き飛ばす迫力がある。

実はそれなりに長身なのだが、腰まで据わってどっしりと安定感すら感じさせるダム、それが秋葉ダムである。

金《かな》山《やま》ダム

北海道

中空重力式コンクリートダム ｜ 堤高 57.3m

佇

琉

　静かに、ひっそりとしていた。それはきっと、時のせい。もうすぐ12月になろうという時期の夕方に、こんな所にくる人なんか普通はいない。

　日本国内でも少なく、北海道にはただ一つ金山ダムだけ。中空重力式コンクリートダム。中空重力式がどんなものなのか。その説明はこの時代だからここに書くまでもないと思う。

　本州に住む俺にとって、金山ダムを見た時の感情は特別だった。心の中で気が付いたら「わぁ……！」と叫んでいたのは、今も不思議。きっと、これが夏の昼間に見ていたら違う感情だったかもしれないけど、よくある「一期一会を大切に」って事で。偶然だけれど、深く心に刻まれる出会いになった。偶然のマジックには、なかなか勝てそうにない。

　夕暮れの中のダムって、写真を撮ったり見学するには全然向かない。暗いし、太陽もほとんど当たっていないし。けれど、そこにしかない空気があって俺の心を掴んで離さない。

　こんな瞬間には、「佇む」という言葉が似合っている。ダムのすらっと立つ姿を、周りの情景が更に際立てる。葉を落とした木々からは羽音もせず、小鳥のさえずりもない静寂——。

　地域に開かれたダムに指定され、ダム湖のかなやま湖はダム湖百選、そして富良野芦別道立自然公園……ならば、人が来ないはずがない。そんな所に今は１人で、賑わいとは正反対の静寂の中に自分もダムと共に佇んでいる。

　素敵なダムで過ごす素晴らしい瞬間ほど、贅沢なものはない。

鶴《つる》田《だ》ダム

鹿児島県

重力式コンクリートダム ｜ 堤高 117.5m

傷

宮島咲

「防人《さきもり》」。こんな言葉が相応しいダムだろう。鹿児島県に位置する鶴田ダムは、日本列島の防人的存在だ。1965年（昭和40年）に完成し、現在まで約50年もの間、街を洪水から守り抜いてきた。台風シーズン、この地には多くの台風が襲来する。先頭を切って数多な台風と戦い、敵の情報を軍下のダムたちへと伝える。彼はそんな役割のダムなのだ。堤高117.5m、堤頂長450mの重力式コンクリートダム。有効貯水容量は約8千万㎥の容量を持つ彼だが、守り抜けなかった洪水があった。

2006年（平成18年）7月、彼を襲った鹿児島県北部豪雨。貯水率0%に近い状態の彼を、一瞬にして貯水率約100%にまで押し上げる未曾有の出来事があった。彼はサーチャージを超え、完全降伏するしかなかった。これまで守り抜いたプライドがズタズタに引き裂かれ、彼は傷ついた。四つの腕を天高く掲げる事しかできなかった事実を、彼は悔やみ、悲しんでいた。

しかし彼は、その深い悲しみから這い上がる。過去の忌まわしい思い出をバネにして。2008年（平成20年）、彼のリニューアル工事が始まる。より強くなるために。そして、より優しくなるために。来年の今頃は、きっと、生まれ変わった輝く彼の姿と、その活躍を目にする事ができるだろう。

ダムデータ一覧

Dam-Data List

ページ	ダム名	よみがな	所在地	河川名	目的	型式	堤高	堤頂長	総貯水容量	ダム事業者	本体着工／完成年
006	青蓮寺ダム	しょうれんじ	三重県名張市中知山	淀川水系青蓮寺川	FNAWP	アーチ式コンクリートダム	82m	275m	27200千㎥	水資源機構	1966／1969年
010	内の倉ダム	うちのくら	新潟県新発田市小戸字足無沢	加治川水系内倉川	FAWP	中空重力式コンクリートダム	82.5m	166m	24800千㎥	新潟県	1965／1974年
014	大倉ダム	おおくら	宮城県仙台市青葉区大倉字高畑	名取川水系大倉川	FNAWIP	マルチプルアーチ式コンクリートダム	82m	323m	28000千㎥	宮城県	1958／1961年
018	徳山ダム	とくやま	岐阜県揖斐郡揖斐川町開田	木曽川水系揖斐川	FNWIP	ロックフィルダム	161m	427.1m	660000千㎥	水資源機構	2000／2008年
022	池原ダム	いけはら	奈良県吉野郡下北山村下池原	新宮川水系北山川	P	アーチ式コンクリートダム	111m	460m	338373千㎥	電源開発	1962／1964年
026	千苅ダム	せんがり	兵庫県神戸市北区道場町生野字大岩嶽	武庫川水系羽束川	W	重力式コンクリートダム	42.4m	106.7m	11717千㎥	神戸市	1914／1919年
028	鹿森ダム	しかもり	愛媛県新居浜市立川町広瀬	国領川水系足谷川	FIP	重力式コンクリートダム	57.9m	108.6m	1590千㎥	愛媛県	1958／1962年
030	新豊根ダム	しんとよね	愛知県北設楽郡豊根村古真立字月代	天竜川水系大入川	FP	アーチ式コンクリートダム	116.5m	311m	53500千㎥	国土交通省／電源開発	1968／1973年
032	日吉ダム	ひよし	京都府南丹市日吉町中神子ヶ谷	淀川水系桂川	FNW	重力式コンクリートダム	67.4m	438m	66000千㎥	水資源機構	1993／1997年
036	天ヶ瀬ダム	あまがせ	京都府宇治市宇治金井戸	淀川水系宇治川	FWP	アーチ式コンクリートダム	73m	254m	26280千㎥	国土交通省	1955／1964年
040	早明浦ダム	さめうら	高知県土佐郡土佐町田井	吉野川水系吉野川	FNAWIP	重力式コンクリートダム	106m	400m	316000千㎥	水資源機構	1967／1974年
044	奥三面ダム	おくみおもて	新潟県村上市三面	三面川水系三面川	FNP	アーチ式コンクリートダム	116m	244m	125500千㎥	新潟県	1988／2001年
048	摺上川ダム	すりかみがわ	福島県福島市飯坂町茂庭字蝉狩野山	阿武隈川水系摺上川	FNAWIP	ロックフィルダム	105m	718.6m	153000千㎥	国土交通省	1994／2006年
052	矢作ダム	やはぎ	愛知県豊田市閑羅瀬町東畑	矢作川水系矢作川	FNAWIP	アーチ式コンクリートダム	100m	323.1m	80000千㎥	国土交通省	1966／1971年
056	苫田ダム	とまた	岡山県苫田郡鏡野町土生	吉井川水系吉井川	FNAWIP	重力式コンクリートダム	74m	225m	84100千㎥	国土交通省	1999／2005年
058	青土ダム	おおづち	滋賀県甲賀市土山町青土	淀川水系野洲川	FNWI	ロックフィルダム	43.5m	360m	7300千㎥	滋賀県	1981／1988年
060	真名川ダム	まながわ	福井県大野市下若生子25字水谷	九頭竜川水系真名川	FNP	アーチ式コンクリートダム	127.5m	357m	115000千㎥	国土交通省	1967／1977年
062	鹿ノ子ダム	かのこ	北海道常呂郡置戸町字常元	常呂川水系常呂川	FNAW	重力式コンクリートダム	55.5m	222m	39800千㎥	国土交通省	1972／1983年

ページ	ダム名	よみがな	所在地	河川名	目的	型式	堤高	堤頂長	総貯水容量	ダム事業者	本体着工／完成年
066	小河内ダム	おごうち	東京都西多摩郡奥多摩町原	多摩川水系多摩川	WP	重力式コンクリートダム	149m	353m	189100千m^3	東京都	1938 ／ 1957年
070	胆沢ダム	いさわ	岩手県奥州市胆沢区若柳字横岳前山	北上川水系胆沢川	FNAWP	ロックフィルダム	132m	723m	143000千m^3	国土交通省	2002 ／ 2013年
074	忠別ダム	ちゅうべつ	北海道上川郡東川町ノカナン	石狩川水系忠別川	FNAWP	コンバインダム (重力式コンクリートダム＋中央コア型フィルダム)	86m	885m	93000千m^3	国土交通省	1994 ／ 2007年
078	小渋ダム	こしぶ	長野県上伊那郡中川村大草	天竜川水系小渋川	FNAP	アーチ式コンクリートダム	105m	293.3m	58000千m^3	国土交通省	1963 ／ 1969年
082	大井ダム	おおい	岐阜県中津川市蛭川	木曽川水系木曽川	P	重力式コンクリートダム	53.4m	275.8m	29400千m^3	関西電力	1922 ／ 1924年
086	津軽ダム	つがる	青森県中津軽郡西目屋村大字藤川	岩木川水系岩木川	FNAWIP	重力式コンクリートダム	97.2m	342m	140900千m^3	国土交通省	2007／2016年(予定)
088	世木ダム	せぎ	京都府南丹市日吉町天若字向山	淀川水系桂川	P	重力式コンクリートダム	35.5m	138.2m	5595千m^3	関西電力	1950 ／ 1951年
090	笠堀ダム	かさぼり	新潟県三条市大字笠堀字川前	信濃川水系笠堀川	FNWP	重力式コンクリートダム	74.5m	225.5m	15400千m^3	新潟県	1961 ／ 1964年
092	丸山ダム	まるやま	岐阜県加茂郡八百津町鵜の巣	木曽川水系木曽川	FP	重力式コンクリートダム	98.2m	260m	72520千m^3	国土交通省／関西電力	1943 ／ 1956年
096	長谷ダム	はせ	兵庫県神崎郡神河町長谷	市川水系犬見川	P	重力式コンクリートダム	102m	254m	9604千m^3	関西電力	1980 ／ 1995年
100	尾原ダム	おばら	島根県雲南市木次町平田	斐伊川水系斐伊川	FNW	重力式コンクリートダム	90m	440.8m	60800千m^3	国土交通省	2006 ／ 2012年
104	大美谷ダム	おおみだに	徳島県那賀郡那賀町木頭名	那賀川水系大美谷川	P	アーチ式コンクリートダム	31.5m	86m	451千m^3	四国電力	1958 ／ 1960年
108	三浦ダム	みうら	長野県木曽郡王滝村三浦国有林内	木曽川水系王滝川	P	重力式コンクリートダム	83.2m	290m	62216千m^3	関西電力	1943 ／ 1945年
112	畑薙第一ダム	はたなぎだいいち	静岡県静岡市葵区田代上草利	大井川水系大井川	P	中空重力式コンクリートダム	125m	292m	107400千m^3	中部電力	1957 ／ 1962年
116	清浦ダム	きようら	鹿児島県薩摩川内市入来町浦之名	川内川水系樋脇川	F	重力式コンクリートダム	38.1m	66.5m	1000千m^3	鹿児島県	1970 ／ 1973年
118	秋葉ダム	あきは	静岡県浜松市天竜区龍山町戸倉	天竜川水系天竜川	AWIP	重力式コンクリートダム	89m	273.4m	34703千m^3	電源開発	1954 ／ 1958年
120	金山ダム	かなやま	北海道空知郡南富良野町字金山	石狩川水系空知川	FAWP	中空重力式コンクリートダム	57.3m	288.5m	150450千m^3	国土交通省	1963 ／ 1967年
122	鶴田ダム	つるだ	鹿児島県薩摩郡さつま町神子	川内川水系川内川	FP	重力式コンクリートダム	117.5m	450m	123000千m^3	国土交通省	1961 ／ 1966年

おわりに

最後までお読み下さり、ありがとうございます。

この本は、4名の著者で作り上げました。それぞれに写真のアングルから狙い所など全てが異なっており、面白いものになったと思います。また文章も人それぞれ個性があり、解説調だったり、ポエム調だったりしています。

小生は4名の作品をまとめる役を務めさせてもらいましたが、あえて統一感を持たせるような細工はしませんでした。ダムそれぞれに個性があるのですから、人それぞれにも個性があって良いと考えたからです。下手をすると全く統一感がなく、寄せ集めの本だと思われてしまう事でしょう。

しかし、この本の目的はそこなのです。ダムを機能的に見る人もいれば、あたかも美術館に置いてある作品として眺める人もいる。はたまた、ダムを見て背景にある歴史を感じ取る人もいる訳です。

ダムをどのような立ち位置で鑑賞するかは人それぞれです。「このダムはこう見なさい」というような、マニュアル的な本にはしたくなかったのです。この本を見て、それぞれ独自の感性や視点を磨いていただければ、著者の1人として嬉しい限りです。

また序文でも触れましたが、この本は四つの章で構成されています。「楽」「喜」「死」「素」。

「楽」は、このダムを楽しんでというニュアンスのものにしました。ダムの楽しみ方のアドバイスの一つとしての項目です。

「喜」は、このダムの働きによって、喜んでいる人がいる事を知って欲しいという項目です。それは上水道などの利水や、洪水から街を守ったという治水のみならず、あらゆる面でダムは人々の暮らしを支えているというものです。ダム鑑賞は得てしてその外見だけの鑑賞に陥りがちですが、ダム本来の機能も知ってもらいたいという気持ちから、この項目を選定しました。

「死」は、滅びゆくダム。滅ぶというと大げさですが、今まで働き続けてきたダムが終焉を迎える、もしくは終焉が見えてきているというものを集めました。ただし、ダムは人々の暮らしにどうしても必要なもの。リニューアルや直下に現在の堤体規模を上回るダムを新たに建設し、その機能を維持する事も多いのです。新しく誕生する堤体と、そのダム湖に沈みゆく旧堤体。その複雑な思いを感じ取って欲しいのです。

「素」は、ダムの素顔。ダム愛好家以外の人は、普段は通り過ぎてしまいがちなダムだけど、時には車を停め、立ち寄ってもらいたいというものです。何気ない日常のダムを紹介できればという思いから、この項目を選定しました。

そして、これらの項目、「楽」「喜」「死」「素」を続けて読むと、「ラキシス」になります。ラキシスとは、ギリシャ神話に登場する、3名の運命の女神の1人です。クロンという女神が命の糸を紡ぎ、ラキシスという女神がその長さを決め、アトロポスという女神がそれを切ると言われています。

ラキシスは命の長さを決める女神。誕生から終焉までの長さを司ります。ダムの寿命は約100年。しかし、中にはその半分程度でも命をなくすダムもあります。ダムの寿命は、刻々と変化する水需要、定まる事を知らない気象状況、その時々の社会情勢など、様々な要因によって決められてしまうのです。多分、これは人間が定めるべきものではないような気がします。そう、ダムの寿命は女神ラキシスのみが知っているのです。

この本では、誕生まもないダムから、終焉を迎えようとしている様々なダムを掲載しています。

年齢によって異なるダムの風貌、そしてその生き様を、写真と文章から感じ取っていただければ嬉しい限りです。

最後に、この本の作成にあたってご協力下さった多くの方々に感謝と御礼を申し上げます。

宮島咲

阿久根寿紀｜あくね・ひさのり

各地の水力発電所と水力発電にかかわるダムを紹介している個人運用のウェブサイト「水力ドットコム」管理人。著書『水力ドットコム』（オーム社）の他に、『月刊ダム日本』（日本ダム協会）への定期的な記事掲載がある。ハンドルネームはＨｉｓａ。日本ダム協会認定ダムマイスター。

http://www.suiryoku.com/

神馬シン｜じんま・しん

中部地方を主な拠点として活動するダム愛好家。ダムの百科事典を目指すウェブサイト「ダムペディア」管理人。土木学会やダム工学会のトークショーや中部地方のテレビ番組などにも出演。水資源機構中部支社と「ダム愛好家との集い」を開催。『月刊ダム日本』（日本ダム協会）へのグラビア掲載の他、日本ダム協会が認定するダムマイスターを1期から務める。

http://dampedia.com/

宮島咲｜みやじま・さき

ダムマニア＆ダムライター。ウェブサイト「ダムマニア」管理人。ダム工学会や日本ダム協会主催の講演やフォトコンテスト審査員などを務め、テレビやラジオなどにも多数出演。ダムカレーの考案者としても知られている。著書に『ダムカード大全集』（スモール出版）、『ダムマニア』（オーム社）がある他、『月刊ダム日本』（日本ダム協会）などでのコラム連載がある。老舗割烹料理店「割烹三州家」5代目ダム事業部長。日本ダム協会認定元ダムマイスター。

http://dammania.net/

琉｜りゅう

ダム王子・ダムツーリズムプロデューサー。ダム系ウェブサイト「DamJapan」管理人。中学生の頃からダムに興味を持ち、早々にホームページを立ち上げた事がきっかけとなり、本格的活動を開始。ビジュアル系ヴォーカルという過去を持ち、その外見から“ダム王子”とも呼ばれている。現在ではテレビや雑誌の出演などを経て、各地のダムツアーのガイド・プロデュースを行っている。日本ダム協会認定元ダムマイスター。

http://damjapan.co.uk/　twitter ID Ryu_DamPrince

ダムを愛する
者たちへ

発行日　2014年6月18日　第1刷発行

著　者　阿久根寿紀
神馬シン
宮島咲
琉

監修・構成　宮島咲

企画・編集　中村孝司（スモールライト）
編　集　スモールライト編集部、室井順子（スモールライト）
デザイン　清水 肇（prigraphics）

発行者　中村孝司
発行所　スモール出版
〒164-0003 東京都中野区東中野1-57-8　辻沢ビル地下1階　株式会社スモールライト
電話　03-5338-2360　FAX　03-5338-2361　e-mail　books@small-light.com
URL　http://www.small-light.com/books/
振替　00120-3-392156

定価はカバーに表示してあります。
乱丁・落丁（本の頁の抜け落ちや順序の間違い）の場合は、小社販売宛にお送りください。送料は小社負担でお取り替えいたします。

Printed in Japan　ISBN978-4-905158-19-6